なぜこう見える？ どうしてそう見える？

〈錯視〉
だまされる脳

新井仁之
[監修/著]

こどもくらぶ
[編]

ミネルヴァ書房

はじめに

　視覚が起こす錯覚を錯視と言います。ひと言で錯視といっても、その種類は千差万別です。どのような錯視があるのかは本書をひもといてご覧頂くことができますが、ここでその一つを紹介しましょう。次の図形をご覧ください。左側にあるのは緑の4つの同心円です。これを右側の奇妙な図形の上に載せると……。同心円だった4つの円がゆがんでいるように見えてしまいます。これは歪同心円錯視という、私が新井しのぶといっしょに発見した錯視の一つです（→74ページ）。

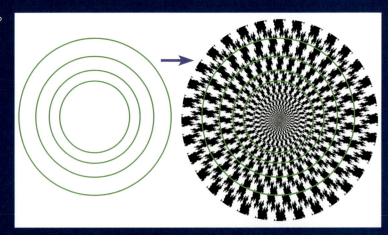

　なぜこのような錯覚が起こってしまうのでしょう。
　じつは錯視の多くは、目というよりは脳が起こしているのです。私たちがものを見ることができるのは、目から入ってきた光の情報を脳が処理しているからです。錯視はこの脳による処理の過程で生じてしまうと考えられています。しかし、そのメカニズムがどのようなものなのか、まだわかっていない部分がたくさんあります。

　本書は、この謎にみちた錯視の世界を紹介したものです。まずは錯視の歴史から。錯視は古くから興味をもたれ、すでに古代ギリシャ時代には哲学者が研究をしていました。第1章では古より現代までの錯視研究を辿ってみましょう。

　ところで錯視は実際の生活の中の意外なところで使われています。交通事故を減らすための錯視、スーパーで使われている錯視、活字、ファッション、そしてアートと錯視の関わりなど。第2章ではこういった錯視の技を紹介します。

　錯視はただの目の錯覚と思われがちですが、じつは脳の中を探る一つの鍵ともなっています。錯視は知覚心理学、脳科学などでその発生の仕組みが研究されていますが、最近では数学も使われるようになりました。第3章では、科学的な最先端の取り組みを、特に数理モデルという数学的な方法に焦点を当てて観ていくことにします。

　本書はこれまでにない錯視の入門書です。錯視の不思議で、おもしろく、しかも学術的に深い世界をおたのしみください。

2016年夏　新井仁之

もくじ

第1章 錯視の歴史

Ⅰ 人間の錯覚について

❶パルテノン神殿と法隆寺 …………… 6
❷アリストテレスによる研究 …………… 7
❸目から光線を発射!? ………………… 8
❹もの自体が光をはなつ！ …………… 8
❺人間の目のしくみがわかってきた！ … 9
❻からだと心を区別する ……………… 9
❼盲点の発見！ ……………………… 10
❽実験や経験を重視 ………………… 11
❾人はものをどう認識しているのか？ … 11

Ⅱ 錯視の科学的研究

❶だまされる脳 ……………………… 12
❷「心理学の父」が発見した錯視 …… 13
❸同じ長さがちがって見える ………… 14
❹記憶の研究者の錯視 ……………… 15
❺世界でもっとも有名な錯視のひとつ … 16
❻脳が線をつなぐ …………………… 16
❼ないものが見える錯視 …………… 18
❽不思議な絵と図形 ………………… 19
多義図形とは？ ……………………… 20
❾奥行きを感じる脳 ………………… 22
❿カフェで発見された新しい錯視 …… 22

Ⅲ 色の研究と色の錯視

❶色が見えるしくみ ………………… 24
❷ニュートンの科学的な研究 ……… 25
❸文豪ゲーテの考え ………………… 26
色をわける・まぜる ………………… 27
❹音速の単位「マッハ」の錯視 …… 28
❺色の同化とは？ …………………… 29
❻チェッカーシャドウ錯視 …………… 29

■ 錯視の芸術 ……………………… 30

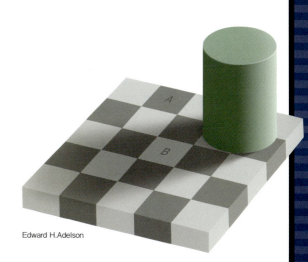

Edward H.Adelson

第2章 錯視の技

Ⅰ まちで見られる錯視
- ❶ シンデレラ城のひみつ……………… 32
- ❷ 遠近の錯視…………………………… 33
- ❸ サッカー場のだまし絵……………… 34
- ❹ 道路がせまく見える？……………… 35
- ❺ 自動車のスピードを下げる錯視…… 36
- ❻ ゆがんだひまわり…………………… 37
- ❼ おばけ坂……………………………… 38
- ❽ 見えない絵…………………………… 39
- ❾ 細長い数字…………………………… 39
- 視覚を利用した絵画の手法………… 40

Ⅱ 身近に使われる錯視
- ❶ 織物から研究が発展した錯視……… 42
- ❷ 色あざやかなミカン………………… 43
- ❸ 錯視をさけたデザイン……………… 44
- ❹ やせて見える服？…………………… 45
- 錯視のコンテスト…………………… 46

Ⅲ 美術作品のなかの錯視
- ❶ エッシャーのおかしな絵…………… 48
- ❷ 絵本作家・安野光雅(あんのみつまさ)………………… 48
- ❸ アルチンボルドのだまし絵………… 50
- ❹ 歌川国芳(うたがわくによし)……………………………… 51
- ❺ スーラの点描画(てんびょう)……………………… 52
- ❻ オプ・アート………………………… 53
- ❼ ある場所から見ると……………… 54
- ❽ コンピュータでひろがる錯視……… 55
- 不思議を体験！ 全国の美術館……… 56

写真：The Bridgeman Art Library／アフロ

第3章 錯視と科学

Ⅰ 錯視の科学的研究
- ❶錯視研究のはじまり …………… 58
- ❷心理学の研究 …………………… 59
- ❸脳科学と錯視 …………………… 60
- ❹脳のなかを調べる ……………… 60
- ❺錯視は脳のなかでおこっている … 61
- 脳と視覚のしくみ ……………… 62

Ⅱ 錯視と数学
- ❶錯視を解きあかす数学 ………… 64
- ❷数理モデルとは ………………… 65
- ❸脳の数理モデル ………………… 65
- ❹視覚の数理モデルと錯視 ……… 66
- ❺錯視のシミュレーション ……… 66
- ❻数理モデルのしくみ …………… 68
- ❼錯視研究はなんの役に立つか … 69

Ⅲ 錯視の研究の新たな展開
- ❶錯視をコントロールする ……… 70
- ❷錯視を消す ……………………… 70
- ❸フラクタルらせん錯視 ………… 72
- ❹同心円がゆがんで見える錯視 … 74
- ❺錯視をつくる …………………… 76
- ❻かたむいて見える文字列 ……… 80
- ❼文字列傾斜錯視はなぜおこる … 81
- ❽コンピュータで錯視を見つける … 81
- 錯視を見つけよう ……………… 82

さくいん・用語解説 …………… 84

錯視の見え方には個人差があります。錯視図形によっては、錯視がおこらない人もいます。また、錯視画像を見ていて気分が悪くなったときは、見るのをやめてください。

第1章 錯視の歴史

人間の錯覚について

目にうつるものと実際のものとがちがっていることは、錯視として知られています。じつはこのことは古代からわかっていました。しかし、なぜそうなるのかについては、気づいていてもなかなか解きあかされませんでした。

① パルテノン神殿と法隆寺（ほうりゅうじ）

紀元前5世紀にアテナイ（いまのギリシャの首都アテネ）に建てられたパルテノン神殿には、あるしかけがあります。柱の真ん中までが太く、上部は細くなっているのです。この「エンタシス」という様式の柱は、まっすぐな柱よりも、見上げたときに安定感があります。これは、当時の人びとの経験からうみだされた技術です。

パルテノン神殿に見られる柱のしかけは、607年に建てられた奈良県の法隆寺にもあります。ギリシャから遠くはなれた日本でも、どう見えるかをちゃんと計算された建築物がつくられていました。これらは、現在では、人間の錯視をうまく利用した建築物であることがわかっ

ています。当時の人は錯視についての本格的な研究がはじまる前から、このような建築物をつくっていたのです。

世界遺産に登録されている、アテネのパルテノン神殿。大理石でつくられ、古代ギリシャの建築の最高傑作といわれる。

奈良県斑鳩町にある法隆寺の回廊。中央より少し下の部分がふくらんだ構造が見られる。
©安ちゃん - Fotolia.com

奈良県奈良市にある薬師寺の回廊。つくられたのは7世紀末とされる。回廊の柱の真ん中が、法隆寺と同様にふくらんでいる。
©paylessimages - Fotolia.com

② アリストテレスによる研究

アリストテレス
（紀元前384年～紀元前322年）

アリストテレスは古代ギリシャの哲学者で、哲学をはじめ論理学や自然学、政治学など、数かずの分野で大きな影響を残した人です。

彼は、『霊魂論』という本を著し、人間の五感（視覚、触覚、味覚、嗅覚、聴覚）についての考え方を明らかにしました。

また『気象学』という本では、太陽や月が空の高い位置にあるときよりも、のぼったりしずんだりする途中の低い位置にあるときの方が大きく見えることについても論じました。これは「月の錯視」とよばれ、おこる理由は現在でも正確にはわかっていません。

❶ 錯視の歴史

③ 目から光線を発射!?

ユークリッド
（紀元前300年頃）

ユークリッドはアリストテレスと同じく、紀元前のギリシャで活躍した学者です。数学を研究し、数学を使って天文学や視覚の研究もおこないました。

古代ギリシャの哲学者のなかには、ものが見える理由として、目から出た光線のようなものが対象物にあたることだと考える人たちがいましたが、ユークリッドもそのひとりでした。

現代ではこの考えがまちがいだとわかっていますが、紀元前の人がこのような考え方をしたのは、おどろくべきこと。現代の科学では、イルカやコウモリなどが音波を発し、ものにぶつかってはねかえってきた音波を感知して、そのものの存在を知ることがわかっていますが、彼らはそれと同じような発想をしたことになります。

ユークリッドが紀元前300年頃に発表した『視学』という本には、ものの見え方について次のような法則がかかれています。

「目より上に置かれた平面のうち、遠いものの方が低くあらわれることになる*」（➡図1）

錯視とはものを見たときにおこる錯覚なので、こうした研究は、錯視のひみつをさぐるうえで重要なことだといえます。

④ もの自体が光をはなつ!

イブン・アル＝ハイサム
（965年頃～1040年頃）

中世になると、ギリシャの科学はアラビアに伝わり、研究されるようになりました。

965年頃、現在のイラクにうまれたアル＝ハイサムは、レンズや鏡を使っていろいろな実験をおこない、光のはたらきや目のしくみについての研究で多くの成果をあげました。光のはたらきについて研究する学問は「光学」とよばれますが、彼は「光学の父」といわれました。

彼は、ものが見える理由として、もの自体が光をはなち、それをわたしたちの目がとらえると考えました。これはユークリッドの考え方とは逆のもの。現在解明されている、ものを見るしくみに近い考え方が登場したのです。

↑図1 ユークリッドがかいたように、「目より上に置かれた平面」（この写真では屋根のひさしや上下の窓枠）は、遠くにいくほど低くなるように見える。

*出典：エウクレイデス全集第4巻『オプティカ』（高橋憲一／訳、東京大学出版会、2010年）

❶ 人間の錯覚について

⑤ 人間の目のしくみがわかってきた！

ヨハネス・ケプラー
（1571年～1630年）

現在のドイツで16世紀にうまれたケプラーは、天体の動きを解明した天文学者です。

彼は星の観察をするため、光を研究し、さらに人間の目のしくみの解明をはじめます。望遠鏡などで実験を重ねた結果、目のなかのレンズ（水晶体）が、目に入ってきた光を屈折させ、網膜に集めて像を形成していることを明らかにしました。

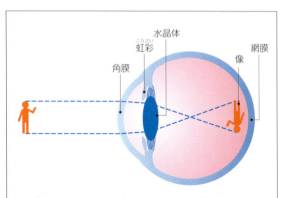

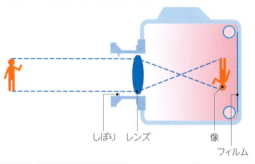

目がものを見るしくみ（上）。目に入ってきた光は角膜を通り、虹彩で光の量が調整されて眼球に入る。さらに、ピントがあうように水晶体で光を屈折させ、網膜に像がうつしだされる。網膜にうつる像は上下左右が逆だが、脳で正しい向きに修正される。カメラも同じしくみで像をうつしている（下）。

⑥ からだと心を区別する

ルネ・デカルト
（1596年～1650年）

16世紀末にフランスでうまれたデカルトは哲学者として知られていますが、光や人間の視覚について研究した科学者でもあります。

しかし、デカルトはケプラーのように、目のしくみを研究するだけではなく、見たものを認識する人間の心や脳についても研究を進めました。

デカルトは、からだと心は別のものであると考えました。そして、目がものを見ているのではなく、目を通して心がものを見ているのだと主張しました。

その理由のひとつとして、「月の錯視」（→7ページ）のように、視覚が私たちをだまし、実際とはちがってものを認識することがあることをあげました。

からだと心は別のものであるというデカルトの考え方は、その後しばらく大きな影響をもちましたが、現在では、からだと心を分離したものと考えている研究者はほとんどいません。

しかし、「目がものを見ているのではなく、目を通じて脳がものを認識するはたらきをもっている」という現在の考え方に、デカルトは一歩近づいたといえます。

❶ 錯視の歴史

⑦ 盲点の発見！

近代に入ると、ものごとを科学的に解明しようとする動きが進みます。そうしたなか、1660年代に、フランスのエドム・マリオット（1620年頃～1684年）が、目には「盲点」があることを発見しました。

わたしたちは、目に入る範囲のなかではすべての部分が見えているように感じます。しかしそのなかでも、じつはものが見えていない部分があります。それが盲点とよばれるものです。

盲点がある理由は、次のように解明されています。目に入ってきた光は、目のレンズを通って屈折し、眼球のうしろにある網膜に集められて像を形成します。このことは、17世紀にケプラーにより解明されました（→9ページ）。網膜には、光を感じる視細胞が一面にならんでいますが、ある一点には視細胞がなく、これが盲点となるわけです。

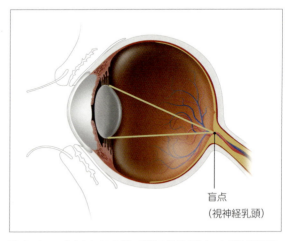

盲点
（視神経乳頭）

眼球のなかの盲点をしめした図。網膜の神経が集まった視神経乳頭には視細胞がなく、ここにうつしだされた像は見ることができない。

©kocakayaali - Fotolia.com

盲点を体験

右目を閉じて左目で、下の図の●印を見る。そして目と図の距離をゆっくりとはなしたり近づけたりすると、左の＋印が見えなくなる瞬間がある。これは、＋印が左目の盲点に入ることによりおこる。

盲点は、左右どちらの目にもある。ところが、両方の目で見ている場合、左右それぞれの目が、たがいの盲点をおぎなうため、その部分が見えなくなることはない。

⑧ 実験や経験を重視

マリオットは、フランスうまれのキリスト教の聖職者でした。彼は大学にはいかず、独学で科学を学んだと考えられていますが、物理学、機械学、光学、植物学、水力学、気象学など、いくつもの科学の分野で功績を残しました。

とくに、光学では、光の屈折などさまざまなテーマで実験をおこない、多くの発見をしました。そのひとつが、1660年代に発見された盲点でした。

ジョージ・バークリー
（1685年～1753年）

その後アイルランドにうまれたバークリーは、哲学や視覚に関する研究をおこなった聖職者でした。

バークリーは、わたしたちがものを見るときには小さな網膜に像がうつっているだけで、本当の大きさや距離を見ているわけではない、ということに注目。ものを見たときの大きさや距離は、視覚だけから認識されるのではないと考えました。さわった感覚や、実際に手をのばしたり歩いたりして感じる距離感などの過去の経験とてらしあわせることで、大きさや距離が認識されると考えたのです。

⑨ 人はものをどう認識しているのか？

19世紀のなかば頃になると、科学が急速に発展します。人の心のはたらきを科学的に解明しようという動きも強まりました。人の心のはたらきというと、それまで哲学の分野で考えられてきました。ところがこの頃になって、哲学から独立するかたちで心理学という学問が登場。

心理学が独立したのは1879年、ヴント（→13ページ）が、ドイツのライプツィヒ大学で心理学の実験室を開いたときだとされています。心理学は、心の動きやそれにともなう人の行動を調べて分析し、さまざまな問題を解決しようとする学問です。

こうした心理学において、人がものを実際とはちがって認識することから錯視が注目され、錯視は多くの心理学者の研究対象になりました。その結果、多くの錯視が心理学者によって発見されていきました。

↑心理学が登場した初期の錯視としてよく知られる「フレーザー錯視」。1908年、ジェームズ・フレーザーが発表した。中心に向かう渦巻きに見えるが、実際には大きさのちがう円がならんでいるだけで、線をたどっても中心にはたどりつけない。

① 錯視の歴史

Ⅱ 錯視の科学的研究

視覚が科学的に研究されはじめたのは、19世紀の終わり頃になってからです。現在知られている錯視の多くは、それ以降に発見されました。発見者は、心理学者や物理学者、天文学者などいろいろです。

① だまされる脳

ヨハン・クリスチャン・ポッゲンドルフ
（1796年～1877年）

ドイツの北部の都市、ハンブルク出身の物理学者であるポッゲンドルフは、1860年に左下のような錯視を発見しました（➡図１）。

カール・フリードリッヒ・ツェルナー
（1834年～1882年）

ツェルナーは、ドイツのベルリンうまれの物理学者・天文学者です。天文学の研究に力をそそぐ一方、1860年に有名なツェルナー錯視（➡図２）を発見しました。

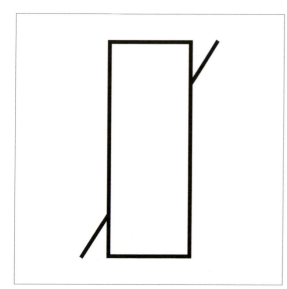

↑図1　ポッゲンドルフ錯視。長方形を横切る線は、長方形の左側と右側で一直線ではなく、上下にずれているように見えるが、実際はずれていない。これは、90度よりも小さな角度を、脳が実際よりも大きく見つもってしまうせいではないかと考えられている。

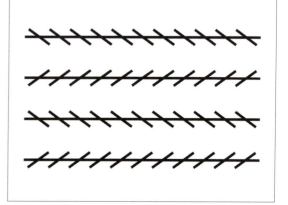

↑図2　横線はどれも平行だが、たがいちがいにななめにかたむいているように見える。これも、脳がだまされ、90度よりも小さな角度を実際よりも大きく認識するせいでおこるのではないかといわれている。

② 「心理学の父」が発見した錯視

ヴィルヘルム・ヴント
（1832年～1920年）

「心理学の父」といわれるドイツの心理学者のヴントは、ドイツのネッカラウというまちでうまれ、大学で医学を勉強したあと、心理学に興味をもち、研究をはじめました。

彼は、それまで同じようなものと考えられていた心理学と哲学とをはっきり区別し、客観的な実験を重視した、新しい心理学の方法を確立しました。

ライプツィヒ大学で哲学の教授をつとめていた1879年に、世界初の心理学の実験室を開設。いまではこの年が、心理学がひとつの学問として成立した年といわれています。その彼が発見したのが、図3の錯視です。

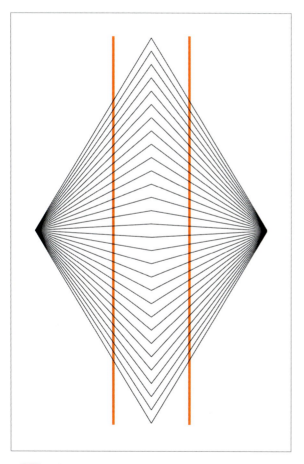

↑図3　2本の赤い線は内側に反っているように見えるが、実際には平行。これも、直線とななめの線がつくる小さい方の角度を、脳が実際よりも大きく認識してしまうためだと考えられている。

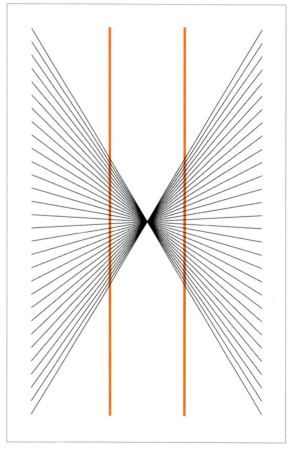

↑図4　ドイツの心理学者エヴァルト・ヘリングが1861年に報告した、直線が外側に反って見える錯視。左のヴントの錯視と対照的な効果が見られる。

❶ 錯視の歴史

③ 同じ長さがちがって見える

ヘルマン・フォン・ヘルムホルツ
（1821年〜1894年）

ヘルムホルツは、ドイツのポツダムうまれの物理学者です。ベルリンの大学で医学を学び、軍医として勤務。その後はドイツのいくつかの大学の教授を歴任しました。彼は物理学と生理学の両方に関心をいだき、どちらの分野でも熱心に研究を進めました。ヘルムホルツが発見した錯視は下のようなものです（➡図1）。

長さに関する錯視には、ポンゾ錯視（➡図2）もあります。イタリアの心理学者マリオ・ポンゾ（1882年〜1960年）がこの錯視に関する論文を発表して以来、ポンゾ錯視とよばれるようになりましたが、それ以前から知られていたものです。

← 図2 上下にならんだ横線は、下よりも上の方が長く見える。横線を囲むななめの線によって、脳が奥行きを感じ、上の線の方が遠くにあると認識するためだという説がある。同じ長さの線ならば、遠くにある方が長いはずなので、上の線の方を長く感じるという。

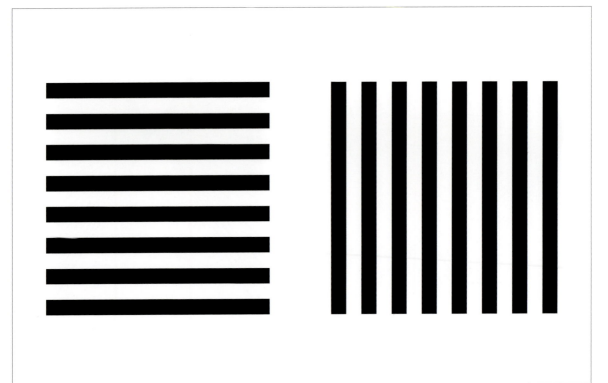

↑ 図1 細長い長方形でできた四角形は、多くの人にとって、左のものがたて長に、右のものが横長に見える。だが実際には、両方とも、たてと横が同じ長さの正方形である。

Ⅱ 錯視の科学的研究

④ 記憶の研究者の錯視

ヘルマン・エビングハウス
（1850年〜1909年）

エビングハウスは、人の記憶についての研究で知られている心理学者です。ドイツでうまれ、ポーランドのブレスラウ大学で教授をつとめました。彼は人の記憶がどのようにつづいていくかについて研究をおこないました。彼が発見した錯視に、下のようなものがあります（➡図3）。

エビングハウス錯視の応用。身のまわりにあるものを下と同じようにならべることでもおこり、かんたんに確認できる。

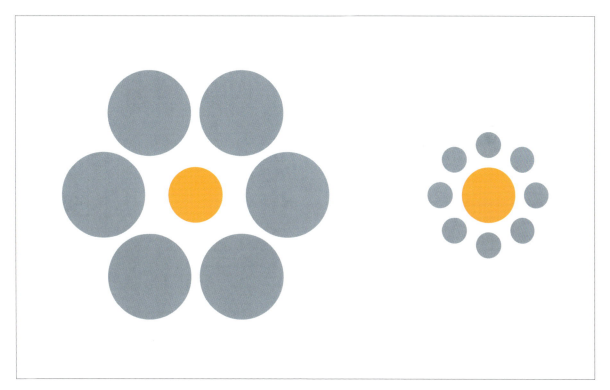

↑図3 エビングハウス錯視。中央にある赤色の円は、どちらもまったく同じ大きさだが、右の方が大きく見える。右側の赤色の円は、まわりに小さい円があることで実際よりも大きく見えるのに対し、左はまわりに大きい円があることで実際よりも小さく見えるためだと考えられている。

❶ 錯視の歴史

⑤ 世界でもっとも有名な錯視のひとつ

ド イツ南部のバーデン＝バーデンというまちでうまれたミュラー・リヤーは、大学で医学、心理学、社会学を学びました。その後、医師となりましたが、1888年からはミュンヘンで社会学の研究をおこないました。

彼は、1889年に下の錯視を発見。これは現在、世界でもっとも有名な錯視のひとつとなっています。

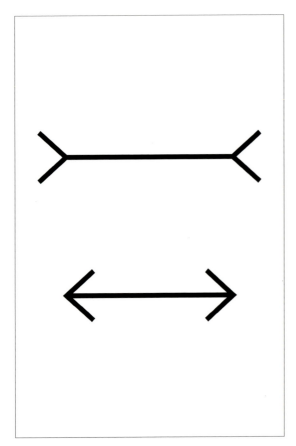

↑上の直線は下の直線よりも長く見えるが、実際には同じ長さである。矢羽根（両側の「>」「<」の部分）が外側に向かっていると、なぜ内側に向かっている方の横線よりも長く見えるのか、これまでいくつかの説が考えられてきた。そのひとつに、イギリスの心理学者グレゴリーの説（→23ページ）がある。

⑥ 脳が線をつなぐ

ガ エタノ・カニッツァ（1913年～1993年）は、イタリアの心理学者です。イタリアのトリエステに「心理学研究所」をつくり、イタリアの心理学の研究に大きな功績を残しました。

カニッツァが発見した錯視のなかでとくに有名なのが、1955年に発表された下の図形で、「カニッツァの三角形」として知られています。この錯視は、実際には存在しない三角形の輪郭線を、わたしたちの脳がつくりだすというものです。ないはずの輪郭線は「主観的輪郭」とよばれています。

↑図形の中心に、実際にはない白い三角形が見える。これは、脳が線をつないで形をおぎなって見ているためと考えられる。この錯視は、いろいろな図形で成立することが知られている。

Ⅱ 錯視の科学的研究

カニッツァの三角形のさまざまなパターン

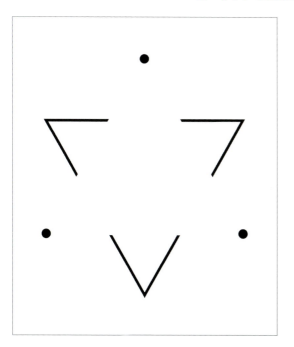

↑頂点を点とした場合も、三角形の輪郭が見えてくる。1955年、カニッツァによる。

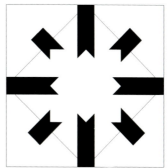

←輪郭線が見える図形は、重なっていてもよい。1955年、カニッツァによる。

↓パンダの顔の輪郭が見える錯視。2012年、新井仁之によるデザイン。

画家としてのカニッツァ

カニッツァは、心理学の研究者として多くの功績をあげただけではなく、画家としても活躍した。カニッツァの残した絵画のなかには、錯視の応用ともいえる作品もある。

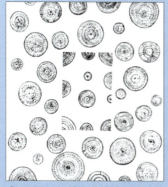

Gaetano Kanizsa, [Orologi] 1985 - olio su tela, cm 50x70

Gaetano Kanizsa, [Omenone] 1977 - olio su tela, cm 50x70

Gaetano Kanizsa, [Uovo] 1975 - olio su tela, cm 50x70

Gaetano Kanizsa, [Composizione] 1993 - olio su tela, cm 50x70

❶錯視の歴史

⑦ ないものが見える錯視

ルディマール・ヘルマン
（1838年～1914年）

　ヘルマンはドイツのベルリンでうまれ、大学で医学と自然科学を学んだあと、生理学などの分野で活躍しました。

　ヘルマンは、ヘルマン格子錯視とよばれる下の錯視を発見しました。これは、見えないものが見えてくる錯視として、世界じゅうで知られています。白い直線の交差点に見える灰色の影は、まわりの黒い四角形をかくすと見えなくなります。

↓白い直線の交差点に、実際にはない灰色の影が見えてくる。視線をあわせている中心では灰色の影が見えず、その周辺で見えるというのも、この錯視の特ちょう。

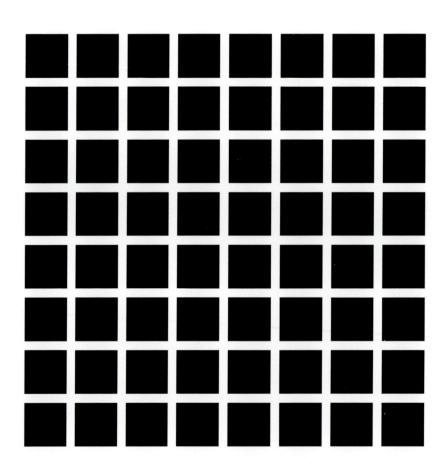

Ⅱ 錯視の科学的研究

⑧ 不思議な絵と図形

ジョゼフ・ジャストロー
（1863年～1944年）

アメリカの心理学者として活躍したジャストローは、1891年に発表した下の図形のほか、アヒルにもウサギにも見える絵（右）を考案した人物として知られています。

アヒルに見えるウサギ

ジャストローが1900年にえがいた多義図形（→20ページ）は、世界的に有名。左を向いているアヒルにも、右を向いているウサギにも見える。

↓下の図形は、上の図形よりも大きく見えるが、実際にはまったく同じ大きさ。

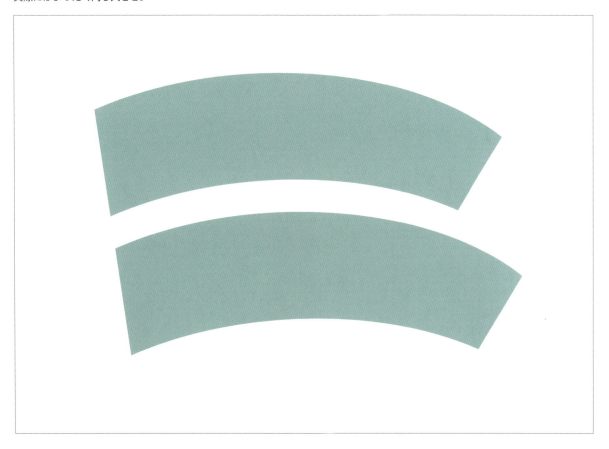

19

多義図形とは？

なにかのものや人をあらわしている絵なのに、見方によってそれとは別の絵があらわれるというものを、「多義図形」（ambiguous figure）といいます。

■ネッカーの立方体

多義図形は、ひとつの絵が二種類以上の見え方をするというもので、古くからいろいろな種類のものが考えだされてきました。

多義図形のなかには、同時に二種類の見方をすることができず、交互に見え方があらわれるような「反転図形」（reversible figure）とよばれるものもあります。有名なものには、スイスの地理学者ルイス・アルバート・ネッカー（1786年〜1861年）により1832年に考案された「ネッカーの立方体」（➡図1）とよばれるものがあります。

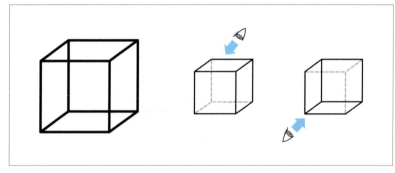

↑図1 立方体を右上から見ているようにも、左下から見ているようにも見える。

■ルビンのつぼ

「ルビンのつぼ」とよばれる絵は、左右対象にギザギザがついているつぼのように見えますが、見方を変えると、左右ふたりの人の顔が向かいあっているようにも見えます。これは、背景となる部分と、形として見える部分が入れかわって見える反転図形として知られています。（➡図2）。1915年にデンマークの心理学者エドガー・ルビン（1886年〜1951年）が考案し、発表されました。

↑図2 白地に黒でつぼの形がえがかれているが、白に注目すると、向かいあったふたりの顔が見える。

↑さまざまな「ルビンのつぼ」。

■嫁と義母

エドウィン・ボーリング（1886年〜1968年）は、アメリカのフィラデルフィアにうまれました。心理学を研究し、ハーバード大学の心理学研究所の所長やアメリカ心理学会の会長にもなりました。

彼は、漫画家W.E.ヒルがえがいた「嫁と義母」という絵（➡図3）を1930年に使い、人間がどのように視覚的な認識をするかを研究しました。この絵は現在、多義図形として、とても有名になっています。

⬅図3 若い人の場合は、はじめに左ななめうしろから見た若い女性の顔が見え、年齢が高い人の場合は、はじめに老婆の横顔が見えるといわれている。若い女性の耳は老婆の目となり、若い女性のあごは老婆の鼻となる。

■いろいろな多義図形

多義図形はこれらのほかにも、さまざまな作者によって考案されています。右の多義図形は、反転図形とはことなり、全体を見たときと細部を見るときで、見え方がことなるというものです。

これらの多義図形には、作者によるメッセージがかくされているといわれることもあります。図4の多義図形には、鏡のなかの自分の顔に見とれている女性も死と向きあっている、という意味があるのではないかといわれています。

➡図4 20世紀のアメリカの画家チャールズ・アラン・ギルバートがえがいた多義図形。鏡を見ている女性にも、どくろにも見える。

⬆17世紀の画家ヨース・デ・モンペルがえがいた「擬人化された風景」。崖の風景にも、人の顔にも見える。

❶ 錯視の歴史

⑨ 奥行きを感じる脳

　ロジャー・シェパード（1929年〜）は、アメリカのカリフォルニアうまれの心理学者です。おさない頃から絵をかくことに熱中し、人をびっくりさせるようないたずらも大好きだったといいます。アメリカのイェール大学で学び、2013年現在、スタンフォード大学の名誉教授をつとめています。

　認知行動科学という分野の権威で、アメリカ国内で最高の科学賞である「アメリカ国家科学賞」をはじめ、たくさんの受賞歴があります。それほどの科学者が発見した錯視は、次のような単純なもの！（➡図1）この錯視は1981年に発表され、「シェパード錯視」として知られています。

↑図1　脚をつけてテーブルのようにした同じ形の平行四辺形を、上のように向きを変えてならべると、左側の方が右側より細長く見える。

⑩ カフェで発見された新しい錯視

　リチャード・グレゴリー（1923年〜2010年）はイギリスのロンドンで天文学者の父のもとにうまれ、ケンブリッジ大学で哲学と心理学を学んだあと、エジンバラ大学で機械知能知覚学部を設立。ブリストル大学神経心理学の名誉教授となりました。

　生涯にわたって多くの研究成果を発表し、心理学の分野で、イギリスだけではなく世界的に影響をあたえました。彼が発表した錯視のなかで有名なものに右の錯視があります（➡図2）。

　グレゴリーの研究室のメンバーのシンプソンが、研究室近くのカフェの壁に、ゆがんで見えるデザインがあることに気づきました。グレゴリーと共同研究者のハードがこの錯視を研究して、1979年に論文を発表しました。この錯視は「カフェウォール（カフェの壁）錯視」と名づけられています。

　最近の研究で、グレゴリーらの発表の約100年前、1893年に、気象学者のプルマンドンが、フランスの寺院の遺跡に同じような錯視がおこる壁を発見していたことがわかりました。

グレゴリーと、カフェの壁の錯視。
©StevenBattle

II 錯視の科学的研究

↑図2 黒と白の四角形をならべたとき、段と段のあいだに横にのびた灰色の線がかたむいて見える。この横の線は、実際には平行線である。なお、灰色の線が黒い場合はミュンスターベルク錯視といい、1897年にミュンスターベルクによりその研究が発表された。ミュンスターベルク錯視の黒い線を灰色にすると強い錯視になることが、グレゴリーの発表より前の1908年に、フレーザーにより発見されていた。

矢羽根の錯視も研究

グレゴリーは、ミュラー・リヤーの錯視（→16ページ）がおこる理由を次のように説明した。

矢羽根（「>」「<」の部分）がたての直線の内側を向いている部分（絵の右側）について、人は近くにあると認識。一方、矢羽根がたて線の外側を向いている部分（絵の左側）は遠くに向かってひっこんでいるように感じる。この際、脳は次のように判断をしているという。

「左側の線は、右側の線より遠くにあるはず。しかし、網膜にうつる線の長さは同じだ。ということは、実際の左側の線は、右側の線よりも長いはず」。

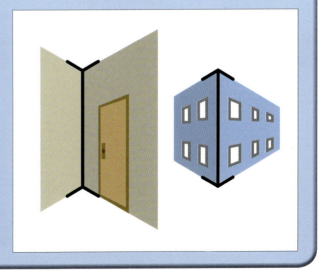

❶錯視の歴史

色の研究と色の錯視

錯視のなかには、脳がだまされることで、同じ色がちがう色に見えるというものがたくさんあります。しかし、色の錯視はそもそも、色が見えてこそのものです。そこで、この章では「色とはなにか」から考えていきます。

❶ 色が見えるしくみ

な ぜ色が見えるのかについては、視覚についての研究と同じくらい古い時代から考えられてきました。いまでは、色の原理について次のようなことがわかっています。

光がリンゴにあたると、その表面では特定の波長をもつ光だけが反射し、ほかの光は吸収されてしまいます。反射した特定の波長の光だけが人間の目にとどき、それが赤いという感覚をうみだすのです。

現代の科学では、対象によって反射する光の波長がちがうことで、人間がさまざまな色を感じることがわかっています。また、こうして目にとどいた光が、網膜の細胞によって信号に変えられ、神経を通って脳に伝わり、そこではじめて「赤い色だ」という感覚がうまれることがわかっています。ところが、場合によっては、同じ波長の光に対しても、ちがった色の感覚が生じてしまうことがあります。それが錯視だというわけです。

最近の錯視の研究の進歩により、色の錯視がおこるメカニズムの研究もしだいに進んできました。

↓色のスペクトル。ニュートンが実験でしめしたように、光を波長にしたがって分解し、波長の長さの順にならべたもの。

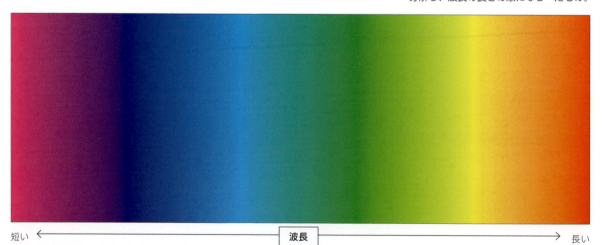

短い ← 波長 → 長い

❷ ニュートンの科学的な研究

アイザック・ニュートン
（1642年〜1727年）

17世紀にイギリスでうまれたニュートンは、万有引力の法則を発見したことで世界じゅうに知られていますが、光と色についても興味をいだき、さまざまな実験をおこないました。

そのひとつとして、太陽の光を細長い窓から通し、プリズム（三角柱ガラス）にあてて、そのなかを通った光が、虹のように赤から紫色までにわかれることをしめしました。

こういった研究を進め、彼は次のような説をとなえました。
- 太陽の光は、七つの色の光からなる。
- 色のことなる光は、屈折する角度の度合いがことなる。

彼は、こういった光の研究成果をまとめ、1704年に『光学』を著しました。そのなかでニュートンは、たとえば赤い光といっても、光に赤色がついているのではなく、その光が、人に赤いという感覚を引きおこす力をもっているだけであるとしました。

現在では、ニュートンが考えたとおり、赤や黄といった色は人間の脳がつくりだした感覚にすぎないことがわかっています。

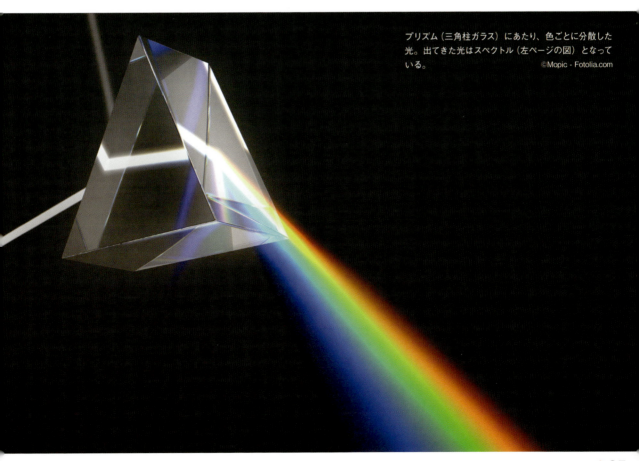
プリズム（三角柱ガラス）にあたり、色ごとに分散した光。出てきた光はスペクトル（左ページの図）となっている。
©Mopic - Fotolia.com

❶錯視の歴史

③ 文豪ゲーテの考え

フォン・ゲーテ
（1749年〜1832年）

18世紀にいまのドイツでうまれたゲーテは、文学者として世界的に知られ、日本でも、『ファウスト』『若きウェルテルの悩み』などの著作が有名です。

そのゲーテが、色彩について科学的な研究をおこなったことは、あまり知られていません。ゲーテが生きた時代は、ニュートンが『光学』を著してからおよそ百年がたち、ニュートンの理論は広く認められていました。ところがゲーテは、ニュートンのように、物理的に色を理解しようとすることに反対していたといいます。

彼は、1810年に、『色彩論』を発表。そこで、明暗の対比（➡図１）や、明順応、暗順応といった視覚の特性を明らかにしました。

真っ暗なところから明るいところにいくと、まぶしくてなにも見えませんが、しだいに明るさになれてまわりが見えるようになります。これが明順応です。

逆に、明るいところから暗いところにいくと、最初はよく見えませんが、しだいに見わけがつくようになります。これが暗順応です。

ゲーテはこのほかにも、色の対比、色の残像など、色に関するいろいろなことを論じています。こういったことのいくつかはのちに、心理学などで深く研究されるようになりました。

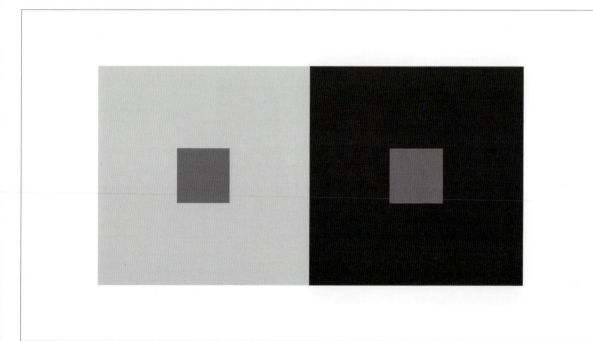

↑図1 明暗の対比錯視。うすい灰色に囲まれた四角形と濃い灰色に囲まれた四角形では、うすい灰色に囲まれた方が濃い色に見える。しかし実際には、四角形の色の濃さはどちらも同じ。

色をわける・まぜる

近代科学によって、色についての理論がしだいに確立され、また、色がどう見えるかにもとづいて、色の分類・体系化が進められました。これらの色の研究は、色に関する錯視を調べるときにも役立っています。

■マンセル・カラー・システムとは？

アルバート・マンセル
（1858年〜1918年）

マンセルはアメリカの画家で、美術教師もつとめた人。マサチューセッツ州立芸術大学を卒業したあと、母校の美術教師になり、その後パリの美術学校やローマに留学しました。帰国後は、色彩に魅力を感じて研究をはじめます。

彼は、当時の色の名前があいまいなものであることに疑問をもちました。色の関係性を合理的に表現したいと考えた結果、色は3つの要素であらわすことができると、1905年に自らの本『A Color Notation』で発表しました。

これをもとに修正がくわえられたものが、現在、デザインなどの分野で世界的に使われている「マンセル・カラー・システム」です。

写真：Science & Society Picture Library/アフロ

↑色の3要素を立体であらわしたマンセルの色立体。上から下にいくほど暗く、内側から外側にいくほどあざやかになる。

■色の3つの要素

マンセル・カラー・システムでは、色を3つの要素に分解しています。3つの要素とは、色相（赤・青・黄色といった色合い）、明度（明るい・暗いといった明るさ）、彩度（あざやかさの程度）のことです。

色相・明度・彩度ということばは、色の錯視の研究でもよく使われています。

■イッテンの12色とは

スイスうまれのヨハネス・イッテン（1888年〜1967年）は、1961年に出版した『色彩の芸術』のなかで、黄、赤、青の3色をもとに、いずれかの2色をまぜあわせた中間の色をつくっていき、12色の色の輪（色環）をつくる方法を紹介。その順序は、虹の色や、自然の光をプリズムを使ってわけたときの色の順序と同じだとしました。

↑イッテンによる色環。中央の三角形の黄、赤、青をもとに12の色をつくっていく。

❶ 錯視の歴史

❹ 音速の単位「マッハ」の錯視

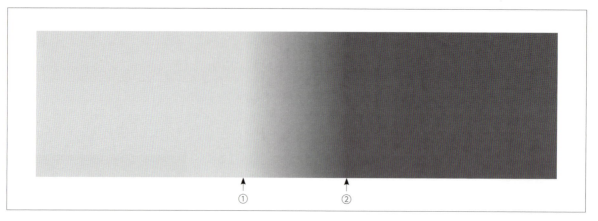

↑ 図1 ①の部分にたてにひときわ明るい線と、②の部分にたてにひときわ暗い線が見える。だが、線の部分がほかにくらべてとくに明るかったり暗かったりするわけではない。①から②にかけては、じょじょに暗くなっていくだけ。この錯視は、マッハの帯とよばれ、脳が明るいところと暗いところの境界線をよりはっきりと認識しようとするためにおこると考えられている。

エルンスト・マッハ
（1838年〜1916年）

オーストリアの科学者マッハは、ウィーン大学で物理学を学んだあと、大学教授をつとめながら、物理学、哲学、科学史、心理学など、さまざまな分野で業績を残しました。なかでも時間や空間に関する彼の考えは、科学の革命とよばれた、アルバート・アインシュタインの相対性理論にも影響をあたえたといわれています。

マッハは、空気中で、物体が音よりはやく動いたときのようすを研究。現在、空気中での音のはやさをあらわす単位として「マッハ」の名前が残っています。上の図1はマッハが発見した錯視です。

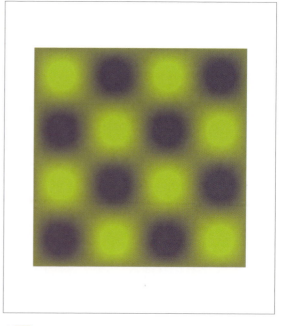

↑ 図2 マッハの帯をもとに、新井仁之が作成した図形。色をつけ、円形にすることで、錯視がより強く感じられる。じっと見ていると、黄色い円のまわりに明るいふちが見え、青い円のまわりに暗いふちが見えるが、そのようなふちは実際にはない。

Ⅲ 色の研究と色の錯視

⑤ 色の同化とは？

あ る色がほかの色に囲まれているとき、または、ほかの色が背景になっているとき、その色が周囲または背景の色に似て見えることを、色の同化（現象）とよびます（➡図3）。色の錯視のひとつで、フォン・ベゾルト効果ともいわれています。

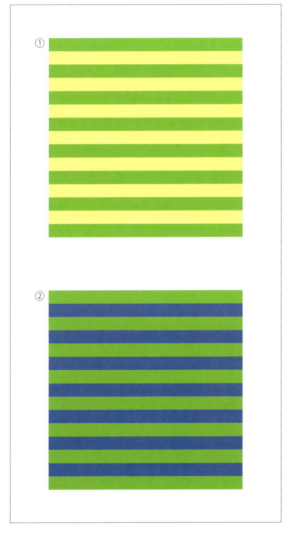

↑図3 ①②の図形で緑色はまったく同じ色だが、①は黄色っぽく、②は青みがかって見える。

⑥ チェッカーシャドウ錯視

色 がついていなくても、明暗について非常に強い錯視がおこることがあります。1995年にアメリカのマサチューセッツ工科大学教授であるエドワード・エーデルソンが発表した「チェッカーシャドウ錯視」（➡図4）がそのひとつです。この錯視には強い錯視効果があるため、いまではとても有名な錯視となっています。

　エーデルソンは、視覚科学の教授で、人の視覚や神経科学、コンピュータグラフィックス※など、さまざまな分野の業績があります。

※コンピュータを使って画像をつくること。

↑図4 AとBの部分の灰色の濃さはちがって見えるが、実際には同じ濃さ。単なる明暗の対比錯視（→26ページ）よりも強い錯視がおこっている。脳が影などによる効果を見つもって、Bの部分は色のうすい方のタイルだとみなすためではないか、という説がある。

29

錯視の芸術

錯視という考え方が意識されていなかった紀元前の昔から、人びとは錯視の原理を応用した芸術作品をつくりだしてきました。ここでは、建築物や絵画などの、錯視芸術ともよべる作品を見てみましょう。

■ 1928年につくられた、東京都千代田区の学士会館。上の階の窓が小さいため、遠近法で建物が大きく見えるといわれることがある。

錯視が見られる歴史的建築物

■ いまの神奈川県鎌倉市に11世紀につくられた、鶴岡八幡宮の参道。奥に向かって道幅が狭くなり、実際よりも道が長く見える。

■ イタリアの首都ローマのポポロ広場に、17世紀につくられた双子教会。右側の教会は左側の教会よりも面積が大きいが、右側の教会は上部の丸いドームが楕円形につぶれ、見た目のバランスをとっている。
© Tiong Jin James Kho ¦ Dreamstime.com

錯視が応用された絵画

■17世紀フランスの画家ジョルジュ・ド・ラ・トゥールがえがいた《大工の聖ヨセフ》。右側の少年（イエス）の顔が明るくかがやいているように感じられる。背景を暗くし、明暗の対比（→26ページ）が効果的に使われている。

■16世紀のフランドル地方（いまのベルギー、オランダ、フランスにまたがる地域）にうまれた画家ペーテル・パウル・ルーベンスがえがいた《キリスト降架》。右の黒い服を着た人物がのぼっているはしごは、人物の上側と下側で左右にずれている（右図）。ルーベンスは、まっすぐにえがくとポッゲンドルフ錯視（→12ページ）がおこり、ずれて見えてしまうことに気づいて、錯視がおこらないようにわざとずらしてえがいたのではないかという説がある。この説は1984年にカナダのウィニペグ大学のトッパーにより発表された。

↑ ── の線は、下に見えるはしごをまっすぐにのばしたもの。本来ならはしごの続きはこの線にそってえがかれるはずだが、実際には、はしごは ── の線の位置にえがかれている。

第2章 錯視の技

まちで見られる錯視

建物や道路など、わたしたちがくらすまちのなかで、じつは錯視がたくさん使われています。錯視を活用した研究も進んでいます。錯視がどのように現在の社会に役立てられているのかを見ていきましょう。

東京ディズニーランドのシンデレラ城。錯視の効果を利用し、城が高く見えるようになっている。
©Disney

❶ シンデレラ城のひみつ

東京ディズニーランドのシンデレラ城には、距離の認識に関する錯視が使われています。建物の外壁の石や、まわりのかざりの大きさは、上にいくほどひとつひとつが小さくなっています。そのため、遠近感が実際よりも強調されてわたしたちの目にうつります。城がより高く見えるよう、しかけがほどこされているのです。

シンデレラ城と同様、まちなかにあるビルなどの建物でも、上へいくほど窓を小さくすることで、建物を大きく見せることができると考えられます。

② 遠近の錯視

シンデレラ城のしかけは、わたしたちの脳が、小さく見えるものほど遠くにあると認識することを利用したものです。

ところで、距離や奥行きの認識に関連しているという説のある錯視として、古くから回廊錯視とよばれる錯視が知られています（➡図1）。下の図にあるふたつの水色の台形は、どちらも同じ大きさですが、多くの人にはちがった大きさに見えます。

回廊錯視は、いろいろな絵や写真からでもつくることができます（→55ページ）。

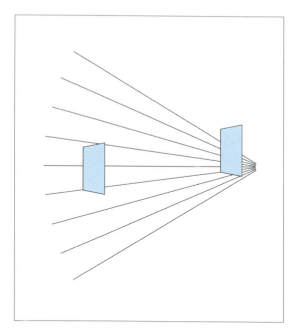

↑図1 回廊錯視。左右の台形は同じ大きさだが、右の方が大きく見える。この錯視の説明としては次のものがある。ななめの線が奥行きを感じさせ、右の台形の方が奥にあるように感じられる。もし同じ大きさのものであれば、奥にある方が小さく見えるはずだが、ここでは小さくなっていない。そのため、右の台形が左の台形よりも大きく感じられる。この錯視は1884年にベツォルドが研究をはじめた。

❷ 錯視の技

❸ サッカー場のだまし絵

サッカー場には、ゴールのわきに広告が立てられているようなところがあります。

⬆長方形の板のように見える、サッカー場の広告。
写真：MarcaMedia／アフロ

左の写真では、長方形の看板が立っているように見えますが、実際には、いびつな形をした平らなシートが置かれているだけです。ところが、この画像をうつしているカメラの位置から見ると、立体的に見えます。実際に立体の看板を置くと、選手がぶつかったりボールが当たったりしてしまうため、このようにくふうされているのです。

これは、角度を変えて見ることで正しく見える「アナモルフォーズ」（→40ページ）とよばれる絵画の技法を利用して作成した、立体的に見える錯視です。

➡近くで見ると、ゆがんだ形になっていることがわかる、サッカー場の広告シート。
写真：Enrico Calderoni／アフロ

❶ まちで見られる錯視

④ 道路がせまく見える？

道路に設置されたシート。シートをつくっているメーカーの調査によれば、設置前にくらべ、車のスピードが約10％下がり、事故が約46％へった場所もあるという。
写真提供：積水樹脂株式会社

　道路では「イメージハンプ」とよばれるしかけが見られることがあります。「ハンプ」とは、自動車の速度をおさえるために道路につくったこぶのようなもののことで、イメージハンプは、錯視を利用して、まるでハンプがあるという印象をあたえるようにデザインされたもののことです。

　上の写真は、車道に設置されたイメージハンプです。実際は、色のついたシートが路面に貼られているだけです。立体的なブロックがあるように見えるのは、サッカー場の広告（→左ページ）と同じです。これにより、道はばをせまく見せて、自動車の速度をおさえようとしているのです。

　高速道路の両わきには、下の写真のように白い点線がかかれていることがあります。これは、錯視を利用し、道路のはばをせまく見せるためのくふうです。道路がせまいと、運転手は注意してゆっくり自動車を走らせるのがふつうです。このため、スピードが出やすい場所で、速度をおさえさせるために、このように点線をかいているわけです。

高速道路で、道路のはばをせまく見せるためにかかれた白い点線。
写真提供：東日本高速道路株式会社

❷ 錯視の技

⑤ 自動車のスピードを下げる錯視

大阪市此花区にある正蓮寺川トンネルにも、錯視効果によりスピードを落とさせるくふうがあります。カーブがあるときは、その手前で自動車のスピードを下げることで、安全に走ることができます。そのため、このトンネルでは、カーブの手前の壁に、カーブに近づくほど間隔がせまくなるような矢印のデザインがほどこされています。

このようにすると、自動車がカーブに近づくにつれて、矢印がそれまでよりも短い間隔で通りすぎていくので、運転手は、自動車のスピードが上がったと錯覚します。このため、運転手にスピードを落とすよう、注意をうながす効果があるのです。

↑壁にかかれた白いもようの間隔がだんだんせまくなっていくことで、自動車のスピードをおさえるようにくふうされたトンネル。
写真提供：阪神高速道路株式会社

❶まちで見られる錯視

⑥ ゆがんだひまわり

北九州市小倉北区に、「太陽の橋」(正式な名前は「中の橋」)とよばれる橋があります。北九州市を流れる紫川にかかる橋で、1992年に完成したものです。

この橋の歩道には、タイルの舗装によって大きなひまわりの花がえがかれています。橋のたもとからでは、ひまわりは右の写真のように、円に近い形に見えます。一方、下の写真のように橋を上から見ると、ひまわりはゆがんだ形にひきのばされていることがわかります。実際の形とはことなり、円形に見えるのは、アナモルフォーズ(→40ページ)による錯視です。

このひまわりは、グラフィックデザイナーの福田繁雄がデザインをしたもので、多くの人びとに親しまれています。

↑太陽の橋にえがかれたひまわり。橋をわたるときにひまわりの全体が見えるよう、くふうがほどこされている。
写真提供：北九州市建築都市局まちづくり推進室

↑高いところから見下ろした太陽の橋。ひまわりが橋の中心に向かってひきのばされていることがわかる。
写真提供：只友淳

❷ 錯視の技

⑦ おばけ坂

↓手前の上り坂が下り坂のように見える、香川県高松市の屋島ドライブウェイ。「ミステリーゾーン」として観光地になっている。
写真提供：屋島ドライブウェイ株式会社

　道路では、おもしろい錯視がおこることがあります。

　上の写真は、手前の方が下り坂、奥の方が上り坂のように見えます。ところが実際には、手前は奥よりもゆるやかですが、やはり上り坂になっているのです。

　このような坂道は「おばけ坂」「ゆうれい坂」などとよばれ、日本だけでなく外国にもあります。おばけ坂の錯視を体験することを目的に、このような場所を訪れる人たちもいます。わたしたちの身近にある道路でも、錯視がおこる坂道があるかもしれません。

❶ まちで見られる錯視

⑧ 見えない絵

道路で利用されている錯視は、ほかにもあります。道路や河川のわきの柵にかかれている絵がそのひとつです。

写真提供：神奈川県藤沢土木事務所

　上の写真のように近くで見ると横に長く、なにがかかれているのか、よくわかりませんが、下の写真のように少しはなれてななめから見ると、柵の奥行きがちぢまって、絵が見えてきます。

　これも、アナモルフォーズ（→40ページ）によるもののひとつです。

⑨ 細長い数字

路面の標示にも、アナモルフォーズが利用されています。道路に白くかかれた「止まれ」の文字や、最高速度の標示は、かなり細長くなっています。

　最高速度のひとつの数字の大きさは、基本的にたて5m、横50cmとされていて、たての長さは横の長さの10倍にもなりますが、自動車に乗って見ると、自然な形に見えます。

⬇たて長にかかれた道路標示（左）と、自動車の運転席から見たところ（右）。

⬇河川わきの柵の絵。ななめの角度から見ると、絵の内容がわかる。

写真提供：神奈川県藤沢土木事務所

視覚を利用した絵画の手法

絵画には、人の視覚を利用したさまざまな手法が使われます。ここでは、「アナモルフォーズ」と「短縮法」を使った絵画を見てみましょう。

■アナモルフォーズを利用した絵画

アナモルフォーズは、絵をゆがめたり引きのばしたりし、角度を変えて見たり、鏡を筒状にしたものにうつしたりすると正しい絵が見えるようにする手法です。

アナモルフォーズを使った絵画としては、16世紀にドイツの画家ハンス・ホルバインがえがいた《大使たち》という作品（下）が有名です。

➡写真の下の方に、なんだかよくわからない白っぽいものがあるが、視線に対して水平に近くなるように本をかたむけて、矢印（→）の方向から見ると、どくろがえがかれていることがわかる。

写真：The Bridgeman Art Library／アフロ

■短縮法とは？

遠近のしくみを利用しているものとして、15世紀に活躍したイタリアの画家アンドレア・マンテーニャによる《死せるキリスト》という絵画（下）があります。

この絵画では、横たわっているキリストを足もとから見たときの光景を表現するため、からだを短くえがいています。このような技法を「短縮法」といいます。

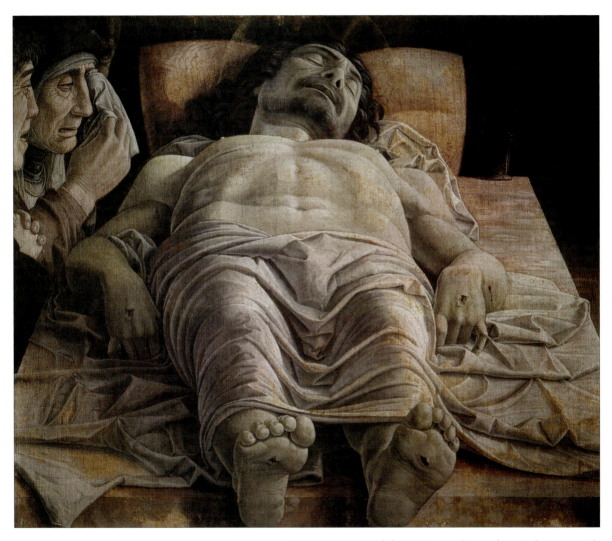

↑キリストのからだが、短縮法により短くゆがんでえがかれているが、わたしたちはこれまでにいろいろなものを見てきた経験から、これがからだであることがすぐにわかる。
写真：ALBUM/アフロ

❷ 錯視の技

身近に使われる錯視

食品や衣服、文字といった、日常的に目にしているものにも、錯視がひそんでいることがあります。反対に、生活のなかで錯視をうまく使うことで、見た目の印象を変えることもできるのです。

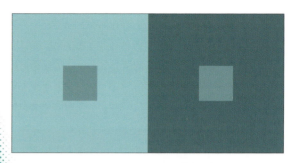

↑図1　色の対比錯視。中心の小さな四角形は左右で色の濃さがことなるように見えるが、本当は同じ濃さ。

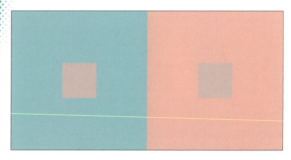

↑図2　色の対比錯視。図1と同様、中心の小さな四角形は左右でちがう色に見えるが、本当は同じ色。同じ色でも、ことなる色で囲まれると、ちがう色に見えてしまうことがある。

❶ 織物から研究が発展した錯視

わたしたちは、色を見るときにも錯視をおこしています。同じ色なのに、ちがう色に見えるという錯視のひとつに、色の対比錯視（➡図1、図2）とよばれるものがあります。

　この錯視は、19世紀にフランスのミシェル＝ウジェーヌ・シュヴルールによってくわしく研究されました。シュヴルールは化学者でしたが、ゴブラン織りとよばれる織物の工場長もつとめていました。そのときに、織物の仕上がりの色がよくないという苦情がありましたが、彼はそれを、色を染める際の問題ではなく、色の錯視がおきているためだと考え、色の錯視の研究をはじめたといわれています。

© Depositphotos.com/taniasneg

ゴブラン織りの壁かけの一部。ゴブラン織りはもともと、15世紀にフランスのゴブラン家でつくられた織物のことだが、現在ではそれに似た織物の全体を指していう。さまざまな色を使った細かなもようが特ちょうとされる。

II 身近に使われる錯視

② 色あざやかなミカン

赤いネットに入ったミカンと、緑色のネットに入ったオクラ。どちらも、商品をおいしそうに見せるためのくふう。

色の錯視には、対比錯視のほかに、色の同化（→図3）とよばれるものもあります。この錯視は、スーパーの食品売り場で見ることができます。

スーパーで、ミカンが赤いネットに入っているのは、ミカンの赤みを強調してよりあざやかに、おいしそうに見せる、同化の効果をねらったくふうです。オクラが緑色のネットに入っているのも同じ理由で、オクラの緑色を強調する効果があるのです。

この効果が、色の同化とよばれる錯視で、色が周囲の色に似て見えるというものです。

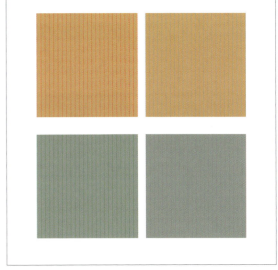

↑図3 色の同化の錯視。上のふたつの四角形をくらべると、同じオレンジ色が、左では赤、右では灰色に近く見える。下のふたつの四角形では、同じ灰色が、左では緑色、右では紫色に近く見える。立命館大学の北岡明佳教授によって作成されたもの。

❷錯視の技

③ 錯視をさけたデザイン

ポ　スターやロゴなどをデザインするときには、まっすぐに見せたいものが、錯視によってずれて見えてしまうことがないよう、調整をすることがあります。

　たとえば「口」や「王」などの文字は、たての線と横の線の太さをまったく同じにすると、たての線の方が細く見えてしまいます。このため、同じ太さに見せるためには、たての線をほんの少し、太くすることが必要です（➡図1）。これに似た錯視としては、フィック錯視（➡図4）があります。

「X」の文字をロゴなどに利用するとき、実際にはまっすぐな線がずれて見えるため、調整することもあります（➡図2）。

　これは、1860年に発見されたポッゲンドルフ錯視によるものです。ポッゲンドルフ錯視とは、図3のように、ななめの線が途中で分断された場合、上下にずれて見えるというものです。ドイツの物理学者であるカール・フリードリッヒ・ツェルナーがえがいた図形にこの錯視が見られることを、同じく物理学者のヨハン・クリスチャン・ポッゲンドルフが発見しました。

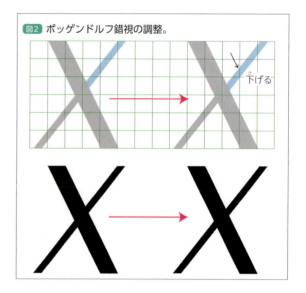

図2　ポッゲンドルフ錯視の調整。

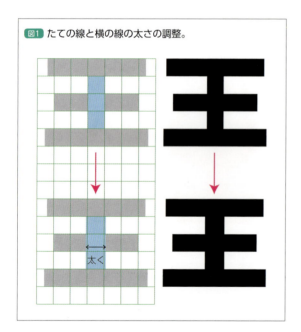

図1　たての線と横の線の太さの調整。

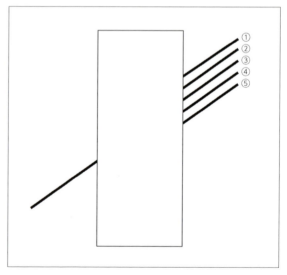

↑図3　ポッゲンドルフ錯視。左側のななめの線がまっすぐにつながるのは、実際には③の線だが、④または⑤の線とつながるように見える。

❹ やせて見える服?

わたしたちの着る服でも、錯視の効果を感じることがあります。

右の写真にうつっている女性は、左右どちらも同じ人物ですが、左側よりも右側の写真の方がやせて見えます。大阪大学の森川和則教授の論文によれば、これには、フィック錯視とバイカラー錯視という、ふたつの錯視が関係していると考えられます。

フィック錯視とは、同じ長さの長方形でも、横にするよりもたてにした方が長く見えるという錯視です。1851年にフィックが発表しました。右側の写真では、長いベストでたての線をつくることで、からだ全体が細長く見えるのです（図4）。

バイカラー錯視とは、長方形をたての線で色分けすることで、細長く見えるというものです（図5）。

森川教授によれば、このほか「知覚的補完」とよばれる効果も、衣服を選ぶときに役に立ちます。たとえば、ブラウスのそでやズボンのすそをおって、手首や足首など、からだの細い部分を見せると、脳はほかの部分も細いと判断してしまいます（図6）。

衣服で錯視を利用した例。左にくらべ、右の写真の方がやせて見える。
写真提供：森川和則

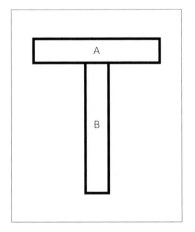

↑図4 フィック錯視。AとBの長方形の長さは同じだが、Bの方が長く見える。

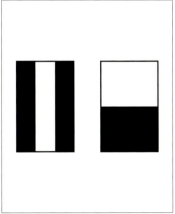

↑図5 バイカラー錯視。左右の長方形は同じ形だが、右よりも左の方が細長く見える。

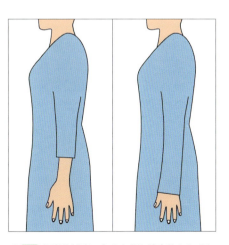

↑図6 知覚的補完。右のように腕全体をかくした場合にくらべ、左のように太い部分をかくし細い手首を見せた方が、腕が細く感じられる。

錯視のコンテスト

世界各地から作品が集まる錯視のコンテストが、アメリカで毎年開催されています。また、日本でも毎年「錯視コンテスト」がおこなわれています。ここでは、これらのコンテストのグランプリ作品をいくつか紹介します。

■2007年の1位受賞作品

←塔のかたむきが左右でことなって見える「斜塔錯視」。

©Frederick Kingdom, Ali Yoonessi and Elena Gheorghiu

Best Illusion of the Year Contest(今年最高の錯視コンテスト)は、海外でおこなわれる錯視のコンテストで、最近はアメリカのフロリダで、毎年開催されています。

上の写真は、その2007年の1位受賞作品です。カナダのマギル大学のフレデリック・キングダム氏ほか2名により発表されたものです。左右の塔のかたむきはことなっているように見えますが、実際には、左右の写真はまったく同じものなのです。

このような写真を2枚ならべると、たがいのかたむきがはなれて見えるというこの錯視は、コンテストで1位を受賞したことで注目を集め、「斜塔錯視」とよばれるようになりました。写真はイタリアにあるピサの斜塔が使われていますが、ほかにもさまざまな写真や絵で斜塔錯視をつくることができます。

斜塔錯視をつくった例。下から見た塔の輪郭と似たような形がうつった写真をならべることで、かんたんに斜塔錯視をつくることができる。

■2010年の1位受賞作品

右は、2010年の1位受賞作品となった「不可能モーション」を見ることができる立体の写真です。斜面に置いた玉が、まるで重力にさからって頂上に集まっていくように見えます。この立体は、明治大学の杉原厚吉特任教授がつくったものです。

この坂道は、じつは中央に向かって低くなっています。しかし、ある角度から見ると、中央がいちばん高いように見えるのです。

このコンテストのホームページ（http://illusionoftheyear.com/）では、ほかにもいろいろな錯視画像を見ることができます。

玉が斜面をのぼるように見える「なんでも吸引四方向すべり台」。
写真提供：杉原厚吉

■日本の錯視コンテスト

日本でも、2009年から毎年1回、「錯視コンテスト」が開かれています。その内容は、海外のコンテストにもまけないものです。

右は、2010年の第2回錯視コンテストでグランプリを受賞した作品です。「道路写真の角度錯視」と名づけられたもので、山口大学の長篤志准教授らが発見しました。

↑Aの白線とBの点線がつくる角度★（左の図）は直角よりも小さく見えるが、実際には90度以上ある。道路の奥行きが感じられることと関係するのではないかといわれている。長篤志准教授、長田和美氏、三池秀敏教授、一川誠准教授、松田憲講師による発見。
写真提供：長篤志

❷ 錯視の技

美術作品のなかの錯視

絵画をはじめとした美術作品には、錯視やだまし絵が見られるものがたくさんあります。作者の技巧や、いたずらがつまったこれらの作品は、見れば見るほど不思議に感じられるものばかりです。

① エッシャーのおかしな絵

オランダで1898年にうまれた版画家マウリッツ・エッシャーの、1960年の作品《上昇と下降》には、永遠につづく階段がえがかれています。このような階段は、不可能図形とよばれるものです。エッシャーの絵はとても巧妙にかかれているため、よく見ないとおかしな点に気づかないかもしれません。

エッシャーはほかに、もようのくりかえしによる作品も多く残しています。

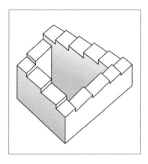

↑無限階段。エッシャーはL.S.ペンローズとR.ペンローズによる論文にのっていた無限階段の図を参考にして《上昇と下降》を創作した。

② 絵本作家・安野光雅

日本の絵本作家として知られる安野光雅(1926年〜)はエッシャーの影響を受けたといわれます。1971年の絵本『ふしぎなえ』では、壁と床がいつのまにか入れかわったり、紙のおれまがる向きが反転したりという、だまし絵を使った絵を発表しています。

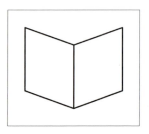

↑左のカードの絵に使われているだまし絵。本を開いた内側から見ているようにも、外側から見ているようにも見える。「マッハの本」とよばれ、オーストリアの物理学者エルンスト・マッハによって発見された。

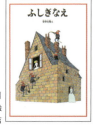

↑安野光雅の絵本『ふしぎなえ』のなかの絵のひとつ。カードが不思議な曲がり方をしている。

『ふしぎなえ』
安野光雅 絵
福音館書店

Ⅲ 美術作品のなかの錯視

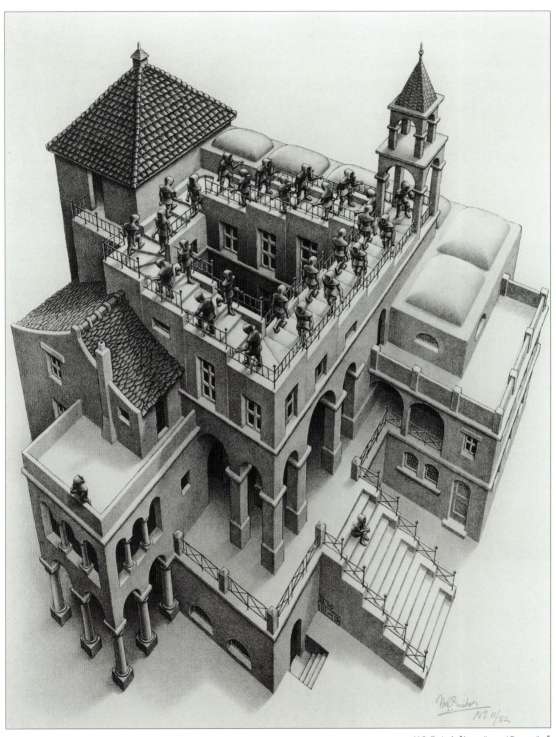

↑エッシャーの《上昇と下降》。建物の屋上に、無限につづく階段がえがかれている。

M.C. Escher's "Ascending and Descending"
© 2016 The M.C. Escher Company-The
Netherlands. All rights reserved.
www.mcescher.com

❷ 錯視の技

❸ アルチンボルドのだまし絵

16世紀のイタリア出身の画家ジュゼッペ・アルチンボルドは、野菜や果物、花などから、人の顔をえがきました。これは、錯視とは少しことなり、「だまし絵」や「寄せ絵」「はめ絵」とよばれるもののひとつです。

↓アルチンボルドの《夏》。よく見ると、野菜や果物などが集まって顔ができている。
写真：The Bridgeman Art Library/アフロ

↑アルチンボルドの《庭師》。一見、野菜がもられたふつうの静物画だが、さかさにして見ると題名の意味がわかる。
写真：The Bridgeman Art Library/アフロ

Ⅲ 美術作品のなかの錯視

④ 歌川国芳(うたがわくによし)

歌川国芳は、18世紀末にうまれ、江戸時代末期に活躍した日本の浮世絵師です。絵にだじゃれを取りいれたり、動物を人に見たてたりと、「戯画(ぎが)」とよばれるユーモアのあふれる絵をたくさん残しました。アルチンボルド同様、なにかを集めて別のものにする絵もえがきました。

↑歌川国芳による寄せ絵のひとつ《猫の当字(あてじ) なまづ》。猫が集まって「なまづ」(「づ」は当時のかき方)の文字ができている。国芳はほかに、「うなぎ」「ふぐ」「たこ」「かつを」の文字に猫をはめこんだ作品を残している。
山口県立萩美術館・浦上記念館 所蔵

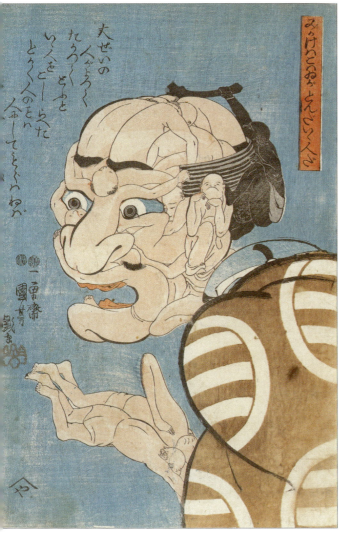

←歌川国芳の《みかけはこはゐ(い)がとんだいゝ人だ》。小さな人が集まって顔や手になっている。絵には「大ぜいの人がよつてたかつてとふといゝ人をこしらへた」などとかかれている。
山口県立萩美術館・浦上記念館 所蔵

51

❷錯視の技

下の絵の一部を拡大したもの。細かな色の点がかかれていることがわかる。

❺ スーラの点描画(てんびょう)

19世紀のフランスの画家、ジョルジュ・スーラは、細かい点の集まりで色を表現する「点描」という技法で作品を残しました。近くから見ると色の点からできていることがわかりますが、少しはなれて見ると繊細な色合いにぬられているように見えます。わたしたちの視覚が混色(色をまぜること)をしているのです。

スーラの代表作のひとつ《グランド・ジャット島の日曜日の午後》。
写真:The Bridgeman Art Library/アフロ

ⅲ 美術作品のなかの錯視

⑥ オプ・アート

オプ・アートとは、色やもようをくふうして、錯視の効果があらわれるような作品をつくる芸術の一分野です。代表的な芸術家として知られる、20世紀初めのハンガリーうまれのヴィクトル・ヴァザルリの作品は、図1のようなものです。

図2は、オオウチハジメという人が1977年に発表したデザイン集のなかで、図案のひとつとして掲載されているものです。この図に錯視の効果があることが1986年にシュピルマンらによって発見され、現在では「オオウチ錯視」として知られています。

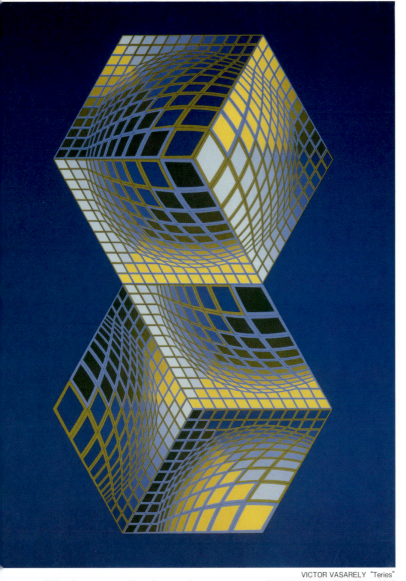

VICTOR VASARELY "Teries"
©ADAGP, Paris & JASPAR, Tokyo, 2016
G0431
写真：Artothek/アフロ

↑図1　ヴィクトル・ヴァザルリの作品。平面に、ふくらんだりへこんだりして見えるもようがえがかれている。

↑図2　オオウチ錯視。図を上下に、またはななめ上、ななめ下にゆっくり何度か動かしていると、中央の円のなかのもようが、背景とわかれて動いているように見える。

❷ 錯視の技

⑦ ある場所から見ると……

ス イスうまれの芸術家であるフェリチェ・ヴァリーニは、ある地点から見ると形がうかびあがるという、不思議な空間をつくることで知られています。

←↑↓東京都立川市にあるヴァリーニの作品《背中あわせの円》。一見、いびつな線がかかれているように見えるが、見る場所を変えるときれいな円があらわれる。

⑧ コンピュータでひろがる錯視

最近では、コンピュータやデジタルカメラにより、錯視画像がむかしにくらべてつくりやすくなりました。また、インターネットで錯視画像がかんたんにひろまるようにもなっています。

↑写真を利用した錯視。雲と手の写真を合成したものだが、スプレーから雲をふきだしているように見える。

↓写真を合成してつくった錯視の例。回廊錯視（→33ページ）によるもので、3頭のヒツジはどれも同じ大きさだが、うしろのものほど大きく見える。

© Naj - Fotolia.com

不思議を体験！ 全国の美術館

さまざまな錯視やその利用について学んだり、だまし絵を体験し、一緒に写真をとったりと、錯視やだまし絵を楽しめる、全国の美術館を見てみましょう。

■栃木県那須町　那須とりっくあーとぴあ

日本最大規模のトリックアートのテーマパーク。絵画の登場人物として写真をとって楽しむことができる、体験型の美術館です。

「トリックアートの館」「トリックアート迷宮？館」「ミケランジェロ館」の3館にわかれ、バチカン市国にある「システィーナ礼拝堂」を再現した作品や、さまざまな錯覚を体験できるトリックアートなど、おもしろいしかけがもりだくさんです。

☎0287-62-8388
栃木県那須郡那須町高久甲5760
【アクセス】東北自動車道那須インターから車で約8分
【開館時間】4月～7月、9月は9:30～18:00、8月は9:00～18:00、10月～3月は9:30～17:00
【入場料】小・中学生800円、高校生以上1300円（1館）
【休館日】なし

立つ位置で大きさが変わって見える「エイムズの部屋」。
写真提供：那須とりっくあーとぴあ

システィーナ礼拝堂を5分の3の大きさで再現した部屋。祭壇などが立体的にえがかれている。
写真提供：那須とりっくあーとぴあ

■北海道上富良野町　深山峠アートパーク『トリックアート美術館』

自然につつまれ、観覧車や物産館、バーベキューテラスなども併設するトリックアート美術館。観覧車からは、雄大な北海道の景色が楽しめます。

トリックアート作品は、リアルにえがかれ、額縁から飛びだしてくるような作品もあり、絵と一緒に記念撮影ができます。

☎0167-45-6667
北海道空知郡上富良野町西8線北33号深山峠
【アクセス】JR富良野線上富良野駅からバスで約15分
【開館時間】4月～11月は9:00～17:00、12月～3月は10:00～16:00（季節により延長あり）
【休館日】12月～3月の水曜日、年末年始ほか
【入場料】小学4年生以下無料、小学5年生以上700円、中学生・高校生1000円、大人1300円

平面にえがかれた絵が、本物の彫刻や窓のように見える外壁。
写真提供：深山峠アートパーク『トリックアート美術館』

■東京都千代田区　錯覚美術館

明治大学の錯覚美術館では、同大学の杉原厚吉特任教授が海外の錯視コンテストで1位を獲得した「不可能モーション」(→47ページ)の模型の展示のほか、何人かの錯視研究者による作品の展示もあります。【2015年閉館】

錯視の研究者による展示を楽しめる美術館。

■福岡県福岡市　福岡トリックアートミュージアム

入口はお城の門で、館内には不思議な肖像画や彫刻作品が展示されるなど、中世ヨーロッパをイメージしたトリックアート美術館。さまざまなくふうをこらしたトリックアート作品がたくさん展示されています。【2014年閉館】

ミュージアム入口。お城の門をくぐりぬけ、トリックアートを体験できる。
写真提供：福岡トリックアートミュージアム

■兵庫県姫路市　太陽公園

ピラミッドや兵馬俑など、各国の石造物を再現した「石のエリア」、白鳥城をシンボルとした「城のエリア」のふたつのエリアがあります。

城のエリアでは、精密な描写やアナモルフォーズの技法を使って壁や床にえがかれた、立体的なトリック3Dアートを楽しめます。

☎079-266-6600
兵庫県姫路市打越1342-6
【アクセス】山陽自動車道姫路西インターから車で約5分
【開館時間】9:00～17:00
【休館日】なし
【入場料】小・中学生600円、高校生以上1300円

白鳥城内にあるトリック3Dアート作品。壁にかかれた恐竜の絵が、まるで立体のように見える。
写真提供：太陽公園

第3章 錯視と科学

錯視の科学的研究

どうしてわたしたちは錯視をおこすのでしょうか。この謎は古くから研究されてきました。しかし本格的な研究がされるようになったのは19世紀になってからのことです。現在では、おもに心理学、脳科学の分野などで科学的な研究が進められています。

↑図1 ツェルナー錯視。

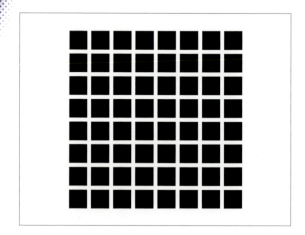

↑図2 ヘルマン格子錯視。

1 錯視研究のはじまり

第1章でも見たように、人びとは何千年も前から錯視に興味をいだき、錯視がおこる原因をつきとめようとしてきました。しかし、錯視が本格的に研究されるようになったのは19世紀以降のことです。

そして19世紀中頃から20世紀にかけて、基本的な錯視図形が数多く発見されました。たとえば、シュヴルールの錯視（1839年）、ツェルナー錯視（1860年、➡図1）、ポンゾ錯視（1893年、1895年）、ミュラー・リヤー錯視（1889年）、ヘルマン格子錯視（1870年、➡図2）、フレーザーの渦巻き錯視（1908年、➡図3）などです。

↑図3 フレーザーの渦巻き錯視。

② 心理学の研究

錯視はさまざまな分野の研究者から興味をもたれました。たとえば、ツェルナー錯視の発見者であるツェルナーは天文学者、マッハの帯を見いだしたマッハは有名な物理学者です。シュヴルールも化学者で、脂肪や石けんなどの研究でも知られています。

しかし、こういった錯視は19世紀後半以降、心理学の分野で深く研究されるようになりました。心理学で、人の知覚や感覚を測定する方法が開発されるなど、錯視が科学的にくわしく調べられるようになったのです。また心理学者によってさまざまな錯視図形も発見されつづけています。たとえば、日本の心理学者、北岡明佳教授による「蛇の回転」（➡図4）があります。

↑図4 北岡明佳教授（立命館大学）による有名な錯視「蛇の回転」。静止画であるにもかかわらず、蛇のデザインが動いて見える。なぜ動いて見えるのかに関して、北岡教授をはじめ多くの人による研究がある。

❸ 錯視と科学

❸ 脳科学と錯視

20 世紀後半になると、脳そのものの研究が急速に進みました。これにより錯視がどのようにしておこるのかが少しずつわかってきました。

どうして脳のことがわかると、錯視のしくみがわかるのでしょう。じつはわたしたちは目でものを見ているのではなく、目から入った周囲の光景の情報が脳につたわり、脳がその情報を処理することにより、ものが見えているのです。つまりわたしたちは目だけでものを見ているのではなく、脳でものを見ているのです。

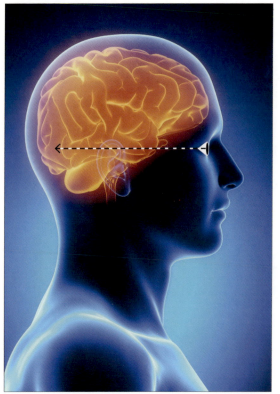

目から入った外のようすは、目で電気的な信号に変えられ、神経をつたわって脳へと送られる。そして脳がその信号を処理する。その結果、わたしたちはものを見ることができるのである。

❹ 脳のなかを調べる

脳は頭がい骨で囲まれており、外から直接見ることはできません。どのようにして脳は調べられているのでしょうか。

ひとつの方法は、微小な電極を動物の脳に挿入して、脳のなかではたらく神経細胞の電気的な活動を直接調べるというものです。このほか最近では、頭がい骨や脳を傷つけなくとも、頭がい骨の外側から脳の活動を観測できるfMRI（機能的磁気共鳴画像法）という方法もあります。

fMRI（機能的磁気共鳴画像法）装置。
写真：Science Photo Library／アフロ

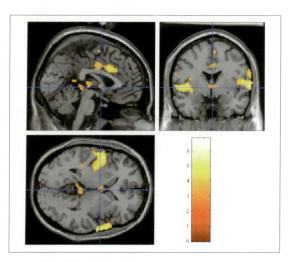

fMRIの画像。反応の度合いが色によってわかる。
写真：Science Photo Library／アフロ

⑤ 錯視は脳のなかでおこっている

脳にはたくさんの神経細胞があり、それらがさまざまな情報を処理しています。そのなかで、視覚に関する情報は、おもに脳のうしろの方にある視覚野というところで処理されています。この視覚野で、神経細胞はものの向き、色、動き、細かさなどをおもに分業して処理しています。多くの錯視はこの処理の過程で生じていると考えられています。

たとえば下にあるのは、16ページでも掲載したカニッツァの三角形という錯視図形です。

↑カニッツァの三角形（ガエタノ・カニッツァ、1955）。

黒い円に頂点をはさまれた白い三角形が見えませんか。しかしそのような三角形は実際にはありません。白い三角形が見えるのは錯視です。このような白い三角形の辺のことを主観的輪郭といいます。

神経科学者のフォンデアハイトらはサルの脳内の神経細胞の活動を調べ、実際には存在していない主観的輪郭に対して反応する神経細胞が、視覚野のなかのV2野とよばれる場所にあることを発見しました。つまり主観的輪郭からなる白い三角形は、脳がつくりだしたものなのです。

ほかの図形でも主観的輪郭があらわれることが知られています。たとえば次の図を見てみましょう。

↑↓このような図でも、下のようにならべると、脳は主観的輪郭をつくりだす。下の図では、左右の横線のあいだに蛇行する川があるように見える。

フォンデアハイトらの論文（1984）の図を改変したもの。

脳と視覚のしくみ

脳科学の研究により、脳のしくみがしだいにわかってきました。そして、錯視と脳の関係も解明されつつあります。あとのパートとも関連するので、脳と視覚についても見ておきましょう。

■ものを見るしくみ

どのようにして、わたしたちはものを見ているのでしょう。

たとえば、昼間、外の風景を見ているとしましょう。外には太陽のように光をはなつもの、また、その太陽の光を反射しているものがあり、わたしたちの目がその光をとらえます。

目に入った光は水晶体、そして硝子体を通って、眼球の後方にひろがる網膜へと到達します。網膜は、神経細胞からなる厚さおよそ400ミクロンくらいの薄い膜になっています。1ミクロンは1ミリの1000分の1です。

■信号が目から脳へ

網膜にある神経細胞は、光の情報を電気的な信号に変え、その信号は視神経などを通して、脳のなかへと送られます。そして、多くの信号は、眼球とは反対側にある大脳皮質の視覚野にあるV1野（→右ページ）に到達します。脳のほかの領野に送られる信号もあります。

V1野では、神経細胞は外の風景を、ものの向きや、細かさ、色、動きなどの情報にわけて処理します。処理された情報はさらにV2野に送られます。V2野にはたとえば主観的輪郭に反応する神経細胞もあります（→61ページ）。

脳科学の研究により、視覚に関する情報の流れは、おもにふたつあることがわかっています。ひとつは、V4野やIT野（→右ページ）とよばれる脳の領域につたわっていく流れで、腹側経路とよばれています。これらの領野では、形や色などの認識に関連する情報の処理がされています。

もうひとつは背側経路とよばれているもので、MT野へと情報が流れていきます。これらにより、動き、位置などが処理されています。

なお、これまでにのべたことは、脳のなかの情報処理の一部です。最近までの脳科学の研究により、脳のなかでは、ほかにもいろいろな領域で、さまざまな処理がなされていることがわかっています。

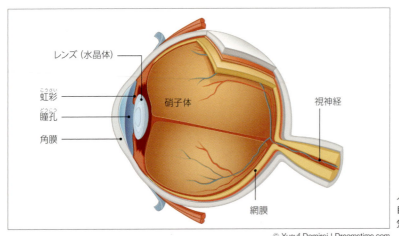

人間の目の構造をあらわした図。目に入ってきた光は網膜を通り、電気的な信号として脳へ送られる。

© Yusuf Demirci | Dreamstime.com

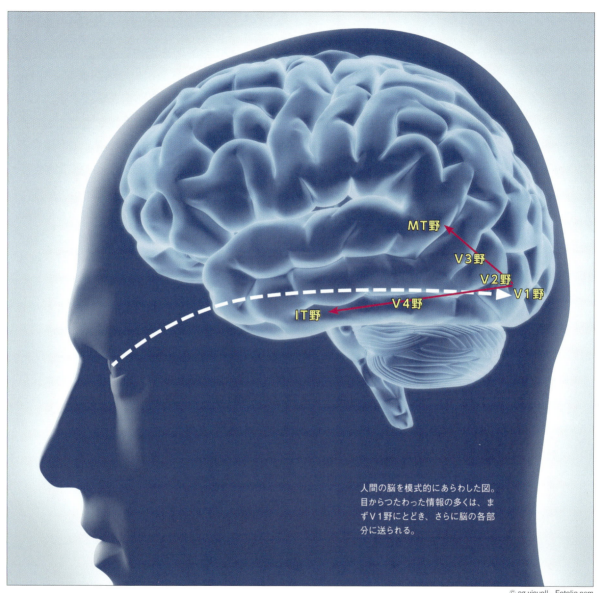

人間の脳を模式的にあらわした図。目からつたわった情報の多くは、まずＶ１野にとどき、さらに脳の各部分に送られる。

© ag visuell - Fotolia.com

■風景を認識！

さて、このように向き、色、細かさ、動き、位置などが別べつに処理されたものから、最終的には、わたしたちは風景を認識することができるのです。

別べつに処理されたものが、どのような脳内の情報処理の結果、ひとつの風景として認識できるのか、そのしくみはまだわかっていません。この問題はバインディング問題とよばれています。

❸ 錯視と科学

錯視と数学

これまで見てきたように錯視は、おもに心理学、脳科学などの分野で研究されてきました。しかし、最近ではさらに数学を使って錯視の研究もされるようになってきました。パートⅡと次のパートⅢでは、筆者と新井しのぶによる、数学を用いた錯視の最新の研究を紹介します。

① 錯視を解きあかす数学

小学校では算数を勉強します。しかし中学校以降では算数という科目はなくなり、そのかわり、数学という科目を学びます。

数学は小学校で勉強する算数を土台とし、方程式、微分積分、幾何学、代数学、確率論など多くのことを学んでいきます。さらに大学では、数学者たちによって数学の研究が進められ、現在でも新しい定理や理論が次つぎに発見されています。そしてこういった数学は、宇宙や物質などに関する自然現象はもとより、経済などの社会現象の研究にも役立っています。

この数学が、錯視の解明にも役立つことが最近わかってきました。

錯視と数学。

一見関係のなさそうなこのふたつのテーマはどのようにむすびつくのでしょう。このふたつをむすびつけるキーワード、それは「数理モデル」です。

©agsandrew - Fotolia.com

Ⅱ 錯視と数学

② 数理モデルとは

数理モデルとは、ひと言でいえば、数学を使ってつくった現実の世界の模型のようなものです。

模型といっても、数理モデルは数式でできています。数式でできているので、現実の世界でおこる、ある現象をあらわす数理モデルができれば、それをコンピュータに組みこんで、その現象と似たものをコンピュータで計算して再現することができるのです。これをコンピュータ・シミュレーションといいます。

コンピュータ・シミュレーションをすることにより、いろいろなことを計算により予測することも可能です。たとえば、月や太陽など、天体の運動の数理モデルにより、コンピュータで天体の動きを計算して、月食や日食などがいつおこるかを予測することもできます。

③ 脳の数理モデル

脳内の神経細胞がおこなう情報処理の数理モデルをつくることはできないでしょうか。もしこれができれば、わたしたちの脳の活動が、コンピュータによる計算で再現できるのです。

しかし、脳の数理モデルをつくりあげることは、たいへんな難問で、まだだれもこれをなしとげた人はいません。

いまのところ、脳がおこなっている情報処理の一部の、それもかなり粗い数理モデルができつつあるといった段階です。

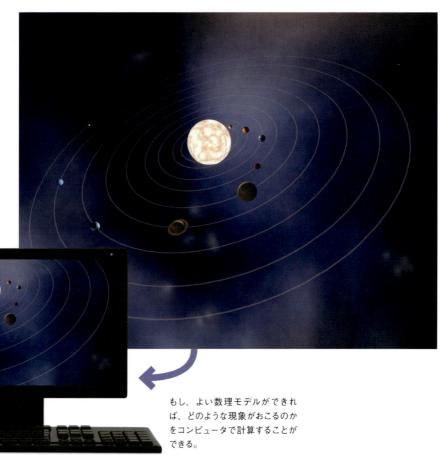

もし、よい数理モデルができれば、どのような現象がおこるのかをコンピュータで計算することができる。

©Amos Struck / july97 - Fotolia.com

65

④ 視覚の数理モデルと錯視

脳の数理モデルをつくることは、研究者たちの大きな夢のひとつです。筆者とその共同研究者の新井しのぶ（以下、新井・新井とする）は、とくに脳の視覚にたずさわる部分の一部の数理モデルをつくる研究をおこなっています。これは脳のほんの一部分の粗い数理モデルではありますが、それでも多くのことがわかってきました。以下では筆者らによる脳内の視覚の情報処理の数理モデルと、それを用いておこなった錯視の研究の一部を紹介します。

⑤ 錯視のシミュレーション

たとえばヘルマン格子錯視の画像（➡図1）を、筆者らの数理モデルを組みこんだコンピュータに入力してみます。

コンピュータが出力してきた結果は図2です。図2でも白い道の交差点に薄黒い斑点が見えますが、それらは図1とちがって実際に印刷されています。これはヘルマン格子錯視をコンピュータが算出したことになります。

ところで、コンピュータの出力画像（➡図2）に対してもわたしたちは錯視をおこしてい

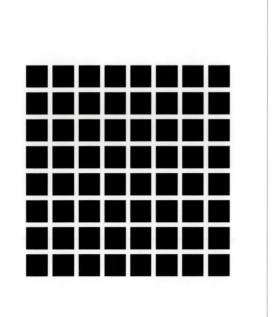

↑図1 ヘルマン格子錯視。白い道の交差点に、実際には存在しない薄黒い斑点が見える。

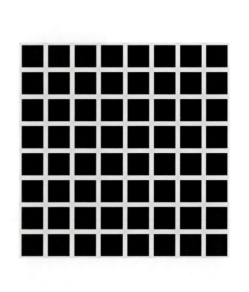

↑図2 コンピュータがおこしたヘルマン格子錯視を印刷したもの。白い道の交差点に、コンピュータが算出した薄黒い斑点が印刷されている。ただしわたしたちは、この画像を見たときに、この画像に対してもヘルマン格子錯視をおこしている。

ます。つまり、シミュレーション結果そのものを、錯視をおこさずに正確に見ることができないのです。

そこで、図2の中心を通る水平線上の輝度（明るさ）をグラフを用いてあらわすことにします（➡図3）。

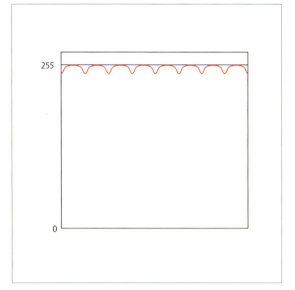

➡図3　輝度のグラフ。黒に0、白に255という番号をつける。そして段階的に濃い灰色から薄い灰色に、その濃淡によって1から254の番号をつけていく。このようにいろいろな濃さの灰色に番号をつけるあらわし方を256階調という。赤い曲線は図2の中心を通る水平線上の色を256階調であらわした数値をグラフにしたもの。白い道の十字路の位置でくぼんでいるが、これはコンピュータが薄黒い斑点を算出し、ヘルマン格子錯視を再現していることをしめしている。

ヘルマン格子錯視のさらなる謎

ヘルマン格子錯視の要因については、古くから研究されてきた。たとえば、バウムガルトナーは、網膜の神経細胞による情報処理に原因があるという説を提唱した。

一方、シュピルマンはヘルマン格子をななめに見たときに錯視が弱くなること、またウルフは格子の数が少ないと錯視が弱くなることを発見し、これらの現象がバウムガルトナーの説では説明できず、網膜よりもあとにおこなわれる脳の情報処理に関係していることを指摘した。

筆者らの数理モデルではシュピルマンやウルフにより発見された現象もシミュレーションできた。これはV1野など脳内の大域的情報処理（→68ページ）も関連していることを数学的にしめすものである。ただし、これで研究が終わったわけではなく、まだヘルマン格子錯視の発生のしくみには謎があり、その研究は現在も進められている。

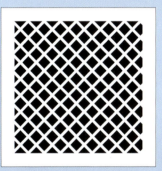

↑図4　ななめのヘルマン格子。

図5　格子の少ないヘルマン格子。

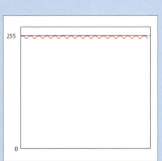

図6　ななめのヘルマン格子による錯視のコンピュータ・シミュレーション画像を輝度のグラフであらわしたもの。ヘルマン格子錯視のグラフよりくぼみ方が少ない。これは、シュピルマンによる現象を数学的に計算できたことをしめしている。

❻ 数理モデルのしくみ

脳内の神経細胞による情報処理の種類はふたつのタイプにわけられます。ひとつは、神経細胞が自分の位置の近くにある情報を処理する局所的情報処理、そしてもうひとつは、さらに遠くにある情報を処理する大域的情報処理です。

筆者らは局所的情報処理のある数理モデルをつくり、次に大域的な情報処理のなかで、「大きな刺激が周囲にあると、同じ種類の小さな刺激が弱められ、周囲に同じ種類の刺激がないときは、小さな刺激は強調される」という、人の感覚のもつ性質に着目し、これを知覚の基本法則ととらえました。そして、とくにコントラストの知覚にこの法則をあてはめたもの、つまり「周囲に強いコントラストがあるときは、小さなコントラストは弱められ、周囲に強いコントラストがないときは、小さなコントラストは強調される」という性質を数理モデルに組みこみ

錯視はじつは脳の

錯視図形ではなく、わたしたちが自然に見るような風景を、筆者らの数理モデルを組みこんだコンピュータはどのように処理するでしょう。①のような画像をコンピュータに入力してみました。その結果は非常に興味深いものでした。

コンピュータが出力した画像は②です。②では画像全体をそこねることなく、木々や葉の細かい部分、山肌、遠くの山の稜線など、よく見たいと思われる部分がよりはっきりするようになっています。この方法は画像を見やすくする新しい技術です（特許出願中）。

①

ました。
　この数理モデルにより、66〜67ページでのべたヘルマン格子錯視をはじめ、シュヴルールの錯視、マッハの帯（→28ページ）、明暗の対比錯視（→26ページ）、色の対比錯視（→42ページ）などさまざまな錯視のコンピュータ・シミュレーションをすることができました。

⑦ 錯視研究はなんの役に立つか

　錯視の研究を進めるには、視覚の研究をおこなわなければなりません。こういった研究は、脳や視覚のしくみの解明につながっています。また錯視を使って芸術作品がつくられたり、広告、ファッションにも利用されたりすることがあります。このほか、下にかいたような新しい画像処理の研究や、医療に応用する研究もはじまっています。

すぐれたはたらき

②

　ところで、錯視は視覚の欠陥であるという説があります。しかし、左の計算結果からわかることは、錯視は視覚の欠陥ではなく、むしろ、視覚がものをよく見えるように形成されたことの代償だということです。実際、多くの錯視がシミュレーションできるような筆者らの数理モデルをコンピュータに組みこむと、②のように、①よりもはっきりとした、人にとってわかりやすい画像が出力されます。

❸ 錯視と科学

錯視の研究の新たな展開

数学を使った錯視の研究により、錯視のコンピュータ・シミュレーションだけでなく、これまでにない新しい視点から錯視のしくみを解明することができるようになりました。

① 錯視をコントロールする

パートⅡでは数学を使ってコンピュータに人と同じように錯視をおこさせましたが、筆者らは、さらに数学を使ってコンピュータに錯視の強さを変化させたり、新しい錯視をつくらせたりすることに成功しました。まずは錯視の強さを変化させてみましょう。

② 錯視を消す

脳のなかのⅤ1野（→63ページ）では、目から入った視覚的な情報を分解して処理しています。たとえば、画像を構成している線などの向き、ものの境目とそうでない部分、大まかな部分と細かい部分などです。

新井・新井はこういった分解をコンピュータでもできるような数学のひとつとして、「かざぐるまフレームレット」というものをつくりました。そしてこれを使って錯視図形を「錯視をおこす成分（錯視成分）」と「それ以外の部分（非錯視部分）」に分解することに成功しました。

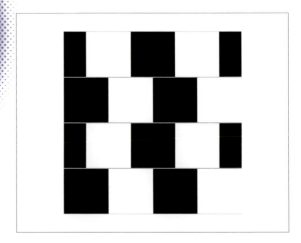

↑図1　カフェウォール錯視。

↑図2　非錯視部分。

図1はカフェウォール錯視。灰色の横線がすべて水平なのにかたむいて見える。この画像を錯視成分と非錯視部分にわける。図2が非錯視部分の画像である。かたむきの錯視が消えていることがわかる。錯視成分のいくつかを図3にしてある。

Ⅲ 錯視の研究の新たな展開

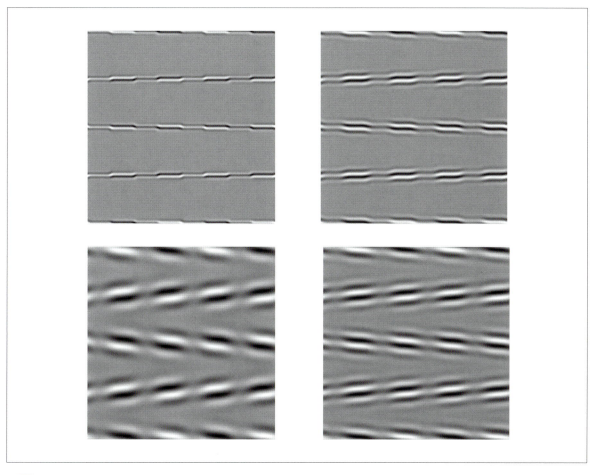

↑ 図3 カフェウォール錯視にふくまれる錯視成分の一部。

！カフェウォール錯視とフレーザー錯視！

　1908年にフレーザーは、フレーザー錯視とミュンスターベルク錯視（カフェウォール錯視の一種、23ページ参照）とのあいだに関連性があることを指摘。

　その後、モーガンとモウルデンが1986年に、ミュンスターベルク錯視にフレーザーのねじれひも（➡図4）とよばれるパターンのようなものがふくまれていることを数学的な方法でしめした。しかし、これが本当にかたむきの錯視の要因になっているかどうかは証明されていなかった。

　新井・新井は、カフェウォール錯視にフレーザーのねじれひものようなパターンがふくまれていて（➡図3）、さらにそれを除去すると錯視が消失することをしめした（➡図2）。これにより、ねじれひものパターンがカフェウォール錯視の要因であることが数学的に証明された。

↑ 図4 フレーザーのねじれひも。

③ フラクタルらせん錯視

岸線など複雑な曲線や図形をあつかう数学にフラクタル幾何学というものがあります。これは数学者のブノワ・マンデルブロにより20世紀後半に提唱された新しい幾何学です。

このフラクタル幾何学でよく知られた図形にフラクタル島というものがあります。これをたてながに引きのばして、同心円上にならべます。ただし中心にいくほど縮小します。すると、同心

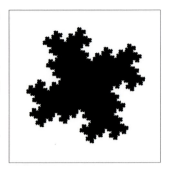

↑フラクタル島。

↑フラクタルらせん錯視。黄色と紫色のもようがらせん状にならんでいるように見えるが、実際は同心円となるようにならんでいる。

Ⅲ 錯視の研究の新たな展開

円にならんでいるフラクタル島がらせんをえがいているように見える渦巻き錯視の一種ができあがります。これはフラクタルらせん錯視とよばれるもので、筆者らにより2007年に発見されました。

筆者らはかざぐるまフレームレットをもとにして、さらに新しいタイプの分解方法を考案し、それを用いてフラクタルらせん錯視図形を分解しました。そして、錯視をおこす錯視成分を特定し、それを除去しました。

こうして得られたものが下の図です。フラクタル島は渦巻いて見えず、同心円に見えるようになっています。ここで考案した分解方法は脳のⅤ４野の情報処理にも関連しているのではないかと筆者らは考えています。

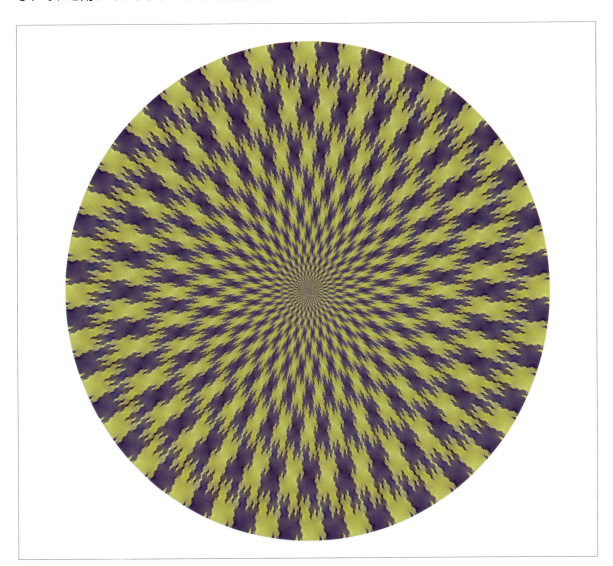

↑錯視成分を取りのぞいたフラクタルらせん錯視。らせん状に見える錯視がおこらなくなっている。

④ 同心円がゆがんで見える錯視

フラクタルらせん錯視は、いくつかの興味深い性質をもっています。たとえば、同心円をフラクタルらせん錯視の上においてみましょう（下）。同心円がゆがんで見えませんか？ これは新井・新井により2010年に発表された錯視で歪同心円錯視といいます。

ところで、1908年にフレーザーはねじれひもを変形して同心円をつくり、同心円がゆがんで見える錯視を発見しました。しかし歪同心円錯視はそれとはちがい、模様のないただの灰色の同心円なのにゆがんで見えます。なお灰色でなくても、同じ色合いで同じ濃さの色を使えばゆがんで見える錯視をつくることができます。

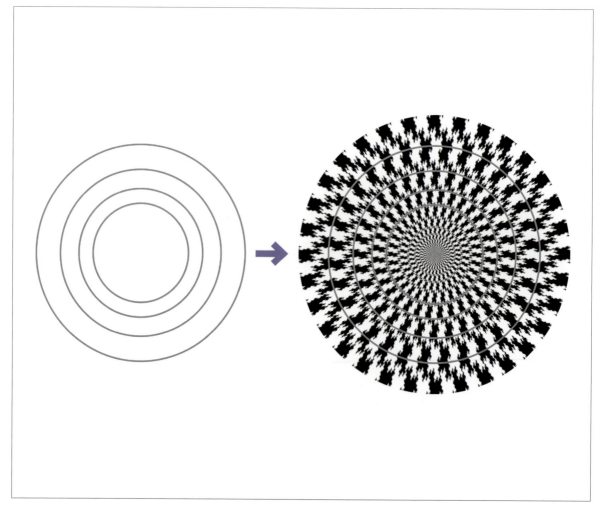

↑歪同心円錯視。同心円をフラクタルらせん錯視の上にのせると、同心円がいびつな形に見え、さらに円どうしが交差しているようにも見える。視点を変えると、ちがったゆがみ方で見える。

↑歪同心円錯視を73ページと同じ方法で分解すると、「ゆがんで見える錯視成分（D）」、「交差して見える錯視成分（C）」、「混合型の錯視成分(M)」の3つのタイプの錯視成分があることがわかった。もとの画像から（D）と（M）を除去した図が①である。ほとんどゆがみが消え、交差しているように見える。（C）と（M）を除いた図が②である。ゆがんで見えるが交差はしていない。（D）、（C）、（M）を除いた図が③である。錯視はほとんど消失し、ほぼ同心円に見える。

❸ 錯視と科学

⑤ 錯視をつくる

静 止画が動いて見える錯視としてはオオウチ錯視があります（→53ページ）。オオウチ錯視の発見以降も、心理学者たちによってさまざまなタイプの静止画が動いて見える錯視がつくられました。

そんななか、新井・新井は、好きな画像や写真を動いて見える錯視に変える「浮遊錯視生成プログラム」（特許取得）を発明しました。浮遊錯視とは、このプログラムによりコンピュータでつくられた錯視のことです。

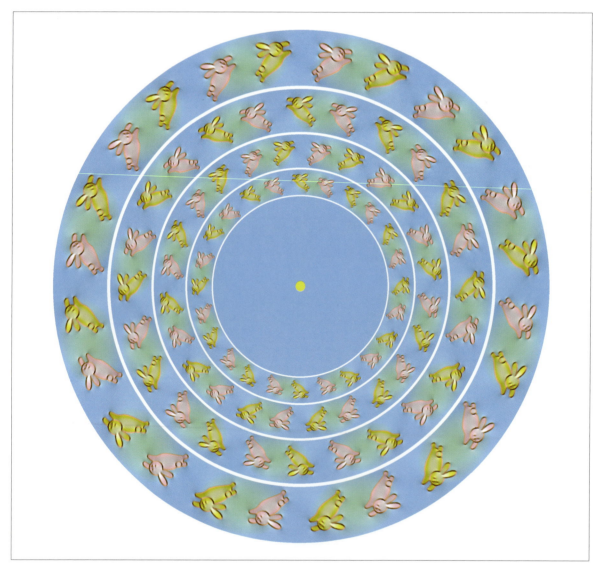

↑ 図1 うさぎの浮遊錯視（新井・新井）。中央の黄色い丸を見ながら、顔を絵にゆっくりと近づけたり遠ざけたりすると、うさぎの列がまわっているように見える。また、黄色い丸を中心に絵を時計まわり、反時計まわりにまわすと、うさぎの列が伸縮しているように見える。

写真からつくった浮遊錯視

イラストだけでなく写真からも浮遊錯視生成プログラムを使って、浮遊錯視をつくることができます。図3は6個の花の写真（➡図2）からつくった浮遊錯視です。

↑図2 花の写真。

↑図3 フラワーガーデンイリュージョン（新井・新井）。中央のピンク色の丸を見ながら、ゆっくりと顔を近づけたり、遠ざけたりすると、花が円にそって動いて見える。また、ピンク色の丸を中心に絵を時計まわり、反時計まわりにまわすと、花の列が伸縮しているように見える。

❸錯視と科学

上下と左右に動いて見える浮遊錯視

　これまでは円状に動く浮遊錯視を見てきましたが、動く向きがちがうものもつくることができます。

↑図1　『錯視と科学』の浮遊錯視（新井・新井）。絵を上下にゆっくりと動かすと、文字が左右に動いているように見える。また絵を左右にゆっくり動かすと、文字が上下に動いているように見える。

■Ⅲ 錯視の研究の新たな展開

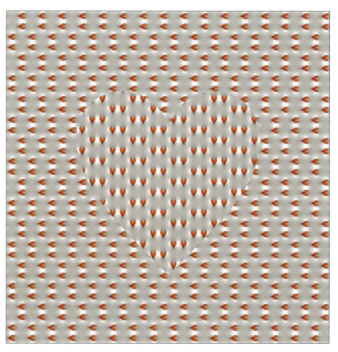

↑図2 ハートの浮遊錯視（新井・新井）。図をななめ上やななめ下にくりかえし、ゆっくりと動かすと、大きなハートと小さな赤いハートが動いて見える。また、ゆっくりと顔を図に近づけたり遠ざけたりすると、大きなハートが鼓動しているようにも見える。

お菓子の缶になった錯視

　浮遊錯視生成プログラムは、好きな画像を浮遊錯視にできるので、本の表紙のデザインやお菓子のパッケージにも利用されている。右にあるのは北海道の製菓会社、六花亭のチョコレートの缶。

　缶のふたに、ハートがデザインされた浮遊錯視があしらわれていて、目と缶の距離を近づけたりはなしたりすることで、ハートがまわって見えたり、のびちぢみして見えたりする。

2013年のホワイトデー用に発売された、六花亭の「ラウンドハート」。現在は販売が終了している。
写真提供：六花亭製菓株式会社

❻ かたむいて見える文字列

インターネットの掲示板で、2005年頃、かたむいて見える文字列をつくる遊びがはやり、多くのかたむいて見える文字列が掲示板に投稿されました。水平に配列された文字列はかたむかないことが多いのですが、ならび方によってはかたむいて見える錯視がおこるのです。

新井・新井はこれを文字列傾斜錯視とよび、数学を用いて錯視がおこる文字の配列を見いだす方法や、錯視成分を特定する研究をおこないました。たとえば下の文字列は数学的方法を用いて見いだした文字列傾斜錯視のひとつです。

夏ワナー夏ワナー夏ワナー夏ワナー夏ワナー
夏ワナー夏ワナー夏ワナー夏ワナー夏ワナー

ーナワ夏ーナワ夏ーナワ夏ーナワ夏ーナワ夏
ーナワ夏ーナワ夏ーナワ夏ーナワ夏ーナワ夏

夏ワナー夏ワナー夏ワナー夏ワナー夏ワナー
夏ワナー夏ワナー夏ワナー夏ワナー夏ワナー

↑文字列傾斜錯視（新井・新井）。

(1)

十一月同窓会十一月同窓会十一月同窓会十一月同窓会
十一月同窓会十一月同窓会十一月同窓会十一月同窓会

会窓同月一十会窓同月一十会窓同月一十会窓同月一十
会窓同月一十会窓同月一十会窓同月一十会窓同月一十

十一月同窓会十一月同窓会十一月同窓会十一月同窓会
十一月同窓会十一月同窓会十一月同窓会十一月同窓会

会窓同月一十会窓同月一十会窓同月一十会窓同月一十
会窓同月一十会窓同月一十会窓同月一十会窓同月一十

(2)

十一月同窓会十一月同窓会十一月同窓会十一月同窓会
十一月同窓会十一月同窓会十一月同窓会十一月同窓会

会窓同月一十会窓同月一十会窓同月一十会窓同月一十
会窓同月一十会窓同月一十会窓同月一十会窓同月一十

十一月同窓会十一月同窓会十一月同窓会十一月同窓会
十一月同窓会十一月同窓会十一月同窓会十一月同窓会

会窓同月一十会窓同月一十会窓同月一十会窓同月一十
会窓同月一十会窓同月一十会窓同月一十会窓同月一十

(3)

十一月同窓会十一月同窓会十一月同窓会十一月同窓会
十一月同窓会十一月同窓会十一月同窓会十一月同窓会

会窓同月一十会窓同月一十会窓同月一十会窓同月一十
会窓同月一十会窓同月一十会窓同月一十会窓同月一十

十一月同窓会十一月同窓会十一月同窓会十一月同窓会
十一月同窓会十一月同窓会十一月同窓会十一月同窓会

会窓同月一十会窓同月一十会窓同月一十会窓同月一十
会窓同月一十会窓同月一十会窓同月一十会窓同月一十

↑数学を使うと、錯視の成分を段階的に取りのぞいて、しだいに錯視をなくしていくこともできる。(1)の文字列はかたむいて見えるが、実際は水平にならんでいる。それを(2)、(3)のようにしだいにかたむいて見える錯視を消していくことができる。

⑦ 文字列傾斜錯視はなぜおこる

文字列傾斜錯視がおこるのは、各文字のなかの水平線が、右下がりあるいは右上がりにならんでいることが原因であるということがよくいわれています。確かにそのようになっていると多くの場合、文字列がかたむいて見えます。しかし、これだけが原因とはいえないこともわかってきました。

甲綱偽執火心甲綱偽執火心甲綱偽執火心
甲綱偽執火心甲綱偽執火心甲綱偽執火心

心火執偽綱甲心火執偽綱甲心火執偽綱甲
心火執偽綱甲心火執偽綱甲心火執偽綱甲

甲綱偽執火心甲綱偽執火心甲綱偽執火心
甲綱偽執火心甲綱偽執火心甲綱偽執火心

心火執偽綱甲心火執偽綱甲心火執偽綱甲
心火執偽綱甲心火執偽綱甲心火執偽綱甲

甲綱偽執火心甲綱偽執火心甲綱偽執火心
甲綱偽執火心甲綱偽執火心甲綱偽執火心

⬆文字列傾斜錯視の例（新井・新井）。第一行目の文字列を構成する文字のなかから水平線を、右下がりになっていくようにひろいだすことも可能であるが、右上がりになっているようにもひろいだせる。しかし、一列目は右下がりになっているように見える。

⑧ コンピュータで錯視を見つける

筆者らは文字列傾斜錯視の原因を数学的にさぐる研究を進めました。そして文字列をコンピュータにあたえると、そのなかから文字列傾斜錯視をおこす文字のならべ方を見つけるプログラム「文字列傾斜錯視自動生成プログラム」（特許出願中）を発明しました。

```
>> illusion_maker
文字をいくつか入力してください
スパゲティー
何文字の錯視を作りますか？ : 6

★ 6文字の文字列傾斜錯視を作りました ★

スゲテーィパスゲテーィパスゲテーィパスゲテーィパスゲテーィパ
スゲテーィパスゲテーィパスゲテーィパスゲテーィパスゲテーィパ

パィーテゲスパィーテゲスパィーテゲスパィーテゲスパィーテゲス
パィーテゲスパィーテゲスパィーテゲスパィーテゲスパィーテゲス

スゲテーィパスゲテーィパスゲテーィパスゲテーィパスゲテーィパ
スゲテーィパスゲテーィパスゲテーィパスゲテーィパスゲテーィパ

パィーテゲスパィーテゲスパィーテゲスパィーテゲスパィーテゲス
パィーテゲスパィーテゲスパィーテゲスパィーテゲスパィーテゲス
```

⬆文字列傾斜錯視自動生成プログラムを使って、「スパゲティー」がかたむくような文字の配列を見いだしたもの。

錯視を見つけよう

 月と山の絵がふたつあります（図１）。
この絵のなかにどのような錯視があるでしょう。

↓図1 明暗の対比錯視とシュヴルールの錯視を使った、筆者によるデザイン。

下の写真の黒い円はどこにかかれているでしょう。
さらに、写真にかくされた錯視をさがしてみましょう。

↓図2 東京都立川市にあるヴァリーニの作品。

 図1と図2のほかにも錯視がかくれています。
どのような錯視がどこにあるでしょう。

答え

クイズ1 図1の上の絵と下の絵の目は同じ大きさですが、これは明暗の対比錯視が原因です。下の方がより暗く見えています。また、山川のあいだのあざやかな青は、2種の線の傾きがちがって見えています（→26ページ）。

クイズ2 図2は54ページにあった錯視と同種です。暗い円はこのXの位置が円筒状に見えますが、本当は平たい板にえがかれています。図2にも、もうひとつ錯視がかくれています。

クイズ3 （講）「錯視を見つけよう」の作品の手がけのうしろにありますが、そこにカフェウォール錯視（→44ページ）が見えます。鏡の時計ですが、東京で見たときに見るとかかれた日月です。毎日、色の北斜線があつまっているのです（→43ページ）。

さくいん 用語解説

あ行

アイザック・ニュートン …………… 25、26
アナモルフォーズ …… 34、37、39、40、57
新井しのぶ …………………………… 64、66
アリストテレス ………………………… 7、8
アルチンボルド
　　　　　　⇨ジュゼッペ・アルチンボルド
アルバート・マンセル ……………………… 27
暗順応 ……………………………………… 26
アンドレア・マンテーニャ ………………… 41
安野光雅 …………………………………… 48
イブン・アル゠ハイサム …………………… 8
イメージハンプ …………………………… 35
色の対比
　▶となりあう色に影響を受けて、色が実際と
　はちがって見えること。 ………………… 26
色の対比錯視 ……………………… 42、69
色の同化
　▶まわりの色に影響を受けて、色がまじった
　ように見えること。 ………………… 29、43
ヴィクトル・ヴァザルリ …………………… 53
ヴィルヘルム・ヴント ……………… 11、13
浮世絵師
　▶風俗や風景をはじめさまざまな題材で江戸
　時代に流行した、「浮世絵」をえがく職業の
　人。 ………………………………………… 51
歌川国芳 …………………………………… 51
ウルフ ……………………………………… 67
ヴント …………………⇨ヴィルヘルム・ヴント
エッシャー ……………⇨マウリッツ・エッシャー
エドウィン・ボーリング …………………… 21
エドガー・ルビン …………………………… 20
エドム・マリオット ………………… 10、11
エドワード・エーデルソン ………………… 29
エビングハウス ……⇨ヘルマン・エビングハウス
エルンスト・マッハ ………………… 28、59
遠近感 ……………………………………… 32
エンタシス ………………………………… 6
オオウチ錯視 ……………………… 53、76
オオウチハジメ …………………………… 53
長篤志 ……………………………………… 47
おばけ坂 …………………………………… 38
オプ・アート
　▶optical art（視覚的美術）の略。20世紀
　に流行した抽象芸術のひとつ。代表的な芸術
　家に、ヴィクトル・ヴァザルリやブリジット・
　ライリーなどがいる。 …………………… 53

か行

カール・フリードリッヒ・ツェルナー
　　　　　　　　　　　　……… 12、44、59
回廊錯視 …………………………………… 33
ガエタノ・カニッツァ ……………… 16、17
かざぐるまフレームレット ………… 70、73
カニッツァ ……………⇨ガエタノ・カニッツァ
カニッツァの三角形 ………………… 16、61
カフェウォール錯視 ………………… 22、71
眼球 ………………………………………… 62
戯画
　▶おもしろみをまじえたり、皮肉をこめたり
　してかかれた絵。カリカチュアともいう。古
　くからさまざまな種類の戯画がえがかれてい
　る。 ………………………………………… 51
北岡明佳 …………………………………… 59
局所的情報処理 …………………………… 68
グラフィックデザイナー
　▶ポスターやパンフレット、広告など、印刷
　物をはじめさまざまなもののデザインをおこ
　なう職業の人。 …………………………… 37
グレゴリー ……………⇨リチャード・グレゴリー

84

ゲーテ	⇨フォン・ゲーテ
ケプラー	⇨ヨハネス・ケプラー

光学
▶光のしくみやはたらきについて研究する学問。中世から近代にかけては、視覚や色彩に関する研究は「光学」としてあつかわれることが多かった。……………………… 8、11

高速道路	35
古代ギリシャ	7
ゴブラン織り	42
混色	52
コンピュータ	55、65、66、68、69、70、76
コンピュータ・シミュレーション	65、69、70

さ行

彩度	27
錯視コンテスト	46、47
錯視成分	70、80
サッカー場	34、35
錯覚美術館	57
シェパード錯視	22
視覚野	61、62
色環(しきかん)	27
色相	27

視神経
▶網膜がとらえた光の情報を、大脳につたえる役割をはたす神経。……………………… 62

《死せるキリスト》	41
ジャストロー	⇨ジョゼフ・ジャストロー
斜塔錯視	46
シュヴルール	⇨ミシェル=ウジェーヌ・シュヴルール
シュヴルールの錯視	58、69
主観的輪郭	16、61、62
ジュゼッペ・アルチンボルド	50、51
シュピルマン	67
硝子体(しょうしたい)	62
《上昇と下降》	48
正蓮寺川(しょうれんじがわ)トンネル	36
ジョージ・バークリー	11
ジョゼフ・ジャストロー	19
ジョルジュ・スーラ	52
神経細胞	60、61、62、65、67、68
シンデレラ城	32、33

心理学
▶人の心、意識、行動などを科学的に研究する学問。動物を研究の対象にすることもある。心理学には、たとえば知覚心理学、社会心理学、臨床心理学、児童心理学、動物心理学などがある。……… 11、13、16、17、21、22、26、28、58、59、64

水晶体	9、62
数学	8、64、65、70、72、80
数理モデル	64、65、66、67、68、69
杉原厚吉(すぎはらこうきち)	47、57

た行

大域的(たいいきてき)情報処理	67、68
《大使たち》	40

大脳皮質
▶脳の一番外側の層。……………………… 62

太陽公園	57
太陽の橋	37
多義図形	19、20、21

だまし絵
▶壁にドアの絵をかいてドアがあるように見せたり、ひとつの絵が見方によってふた通りに見えたりといった効果をもつ絵の全体を指していうことば。……………… 48、50、56

短縮法	40、41
チェッカーシャドウ錯視	29

知覚的補完
　▶ものを見るときに、かくれた部分を脳がおぎなって認識すること。ものを見るときだけでなく、音を聞くときにも、とぎれた音を脳がおぎなって認識することがわかっている。
　　　　　　　　　　　　　　　　45
ツェルナー
　　　　　⇨カール・フリードリッヒ・ツェルナー
ツェルナー錯視　　　　　　12、58、59
月の錯視　　　　　　　　　　　7、9
デカルト　　　　　　⇨ルネ・デカルト
デジタルカメラ　　　　　　　　　55
哲学
　▶宇宙や世界のなりたち、ものの見方、人間の生き方など、世界や人生の根本的な原理を追求し、ものごとの真理を見いだそうとする学問。紀元前600年頃ギリシャではじまったとされる。　　　　　7、11、13、22、28
点描（てんびょう）　　　　　　　　　　　　　52
道路写真の角度錯視　　　　　　　　47
トリックアート　　　　　　　　56、57

な行

中の橋　　　　　　　　　　　　　37
那須とりっくあーとぴあ　　　　　56
ニュートン　　　　⇨アイザック・ニュートン
ネッカーの立方体　　　　　　　　20
脳科学
　▶脳のしくみやはたらきについての研究をおこなう学問。　　　58、60、62、64

は行

バークリー　　　　⇨ジョージ・バークリー
バイカラー錯視　　　　　　　　　45
背側経路（はいそく）　　　　　　　　　　　62
バインディング問題　　　　　　　63
バウムガルトナー　　　　　　　　67

はめ絵　　　　　　　　　　　　50
パルテノン神殿　　　　　　　　　6
ハンス・ホルバイン　　　　　　　40
反転図形　　　　　　　　　　20、21
ハンプ　　　　　　　　　　　　35
万有引力の法則
　▶質量をもつすべての物体のあいだにはたらく引力の法則。　　　　　　　　　25
非錯視部分　　　　　　　　　　70
フィック　　　　　　　　　　　45
フィック錯視　　　　　　　44、45
フェリチェ・ヴァリーニ　　　　　54
フォン・ゲーテ　　　　　　　　26
フォンデアハイト　　　　　　　61
フォン・ベゾルト効果　　　　　29
不可能図形　　　　　　　　　　48
不可能モーション　　　　　47、57
福岡トリックアートミュージアム　57
腹側経路（ふくそく）　　　　　　　　　　　62
福田繁雄（ふくだしげお）　　　　　　　　　　　37
『ふしぎなえ』　　　　　　　　48
ブノワ・マンデルブロ　　　　　72
浮遊錯視　　　　　　76、77、78、79
浮遊錯視生成プログラム　76、77、79
フラクタル幾何学　　　　　　　72
フラクタル島　　　　　　　72、73
フラクタルらせん錯視　　72、73、74
プリズム　　　　　　　　　25、27
フレーザー　　　　　　　　71、74
フレーザー錯視　　　　　　　　71
フレーザーの渦巻き錯視　　　　58
フレーザーのねじれひも　　　　71
フレデリック・キングダム　　　46
蛇の回転　　　　　　　　　　　59
ヘルマン　　　　　⇨ルディマール・ヘルマン

ヘルマン・エビングハウス	15
ヘルマン格子錯視	18、58、66、67、69
ヘルマン・フォン・ヘルムホルツ	14
ヘルムホルツ ⇨ヘルマン・フォン・ヘルムホルツ	
法隆寺	6
ポッゲンドルフ ⇨ヨハン・クリスチャン・ポッゲンドルフ	
ポッゲンドルフ錯視	44
ポンゾ錯視	14、58

ま行

マウリッツ・エッシャー	48
マッハ ⇨エルンスト・マッハ	
マッハの帯	59、69
マリオット ⇨エドム・マリオット	
マリオ・ポンゾ	14
マンセル ⇨アルバート・マンセル	
マンセル・カラー・システム	27
ミシェル=ウジェーヌ・シュヴルール	42、59
深山峠アートパーク『トリックアート美術館』	56
ミュラー・リヤー	16、23
ミュラー・リヤー錯視	58
ミュンスターベルク錯視	71
明暗の対比	26
明暗の対比錯視	69
明順応	26
明度	27
盲点	10、11
網膜	9、10、11、23、24、62、67
モウルデン	71
モーガン	71
文字列傾斜錯視	80、81
文字列傾斜錯視自動生成プログラム	81
森川和則	45

や行

ユークリッド	8
寄せ絵	50
ヨハネス・イッテン	27
ヨハネス・ケプラー	9、10
ヨハン・クリスチャン・ポッゲンドルフ	12、44
嫁と義母	21

ら行

リチャード・グレゴリー	22、23
ルイス・アルバート・ネッカー	20
ルディマール・ヘルマン	18
ルネ・デカルト	9
ルビンのつぼ	20
ロジャー・シェパード	22

わ行

歪同心円錯視	74

A〜Z

Best Illusion of the Year Contest	46
fMRI ▶磁気を使い、脳のなかの血流のようすを測定し、脳が活発にはたらいている部分を調べる方法。	60
ＩＴ野	62
MT野	62
Ｖ１野	62、67、70
Ｖ２野	61、62
Ｖ４野	62、73

■監修（第1章、第2章）・著（第3章）

新井 仁之（あらい ひとし）

1959年神奈川県生まれ。理学博士。早稲田大学大学院理工学研究科修士課程修了。現在、東京大学大学院数理科学研究科教授。主な研究テーマは、視知覚に関する数理科学とその応用。1997年に日本数学会賞春季賞、2008年に「視覚と錯視の数学的新理論の研究」により文部科学大臣表彰科学技術賞を受賞。著書には『新・フーリエ解析と関数解析学』（培風館）、『ルベーグ積分講義』（日本評論社）、『ウェーブレット』（共立出版）などがある。

■企画・編集

こどもくらぶ（齊藤 由佳子）

「こどもくらぶ」は、あそび・教育・福祉分野で子どもに関する書籍を企画・編集しているエヌ・アンド・エス企画編集室の愛称。図書館用書籍として、毎年150～200冊を企画・編集している。

・この本は、2013年9月～11月に刊行の図書館用シリーズ「なぜこう見える？どうしてそう見える？錯視のひみつにせまる本」全3巻をまとめた、合本・縮刷版です。
・第3章で特に記載のない写真・図版は著者によるものです。
・この本の情報は、2016年5月現在のものです。

装丁・デザイン　長江　知子
DTP　株式会社エヌ・アンド・エス企画

■参考資料（順不同）

『錯覚入門』著／北岡明佳　朝倉書店　2010年
『錯覚の世界　古典からCG画像まで』訳／ジャック・ニニオ、訳／鈴木光太郎・向井智子　新曜社　2005年
『ポプラディア情報館　人のからだ』監修／坂井建雄　ポプラ社　2006年
『はじめて出会う心理学』著／長谷川寿一・東條正城・大島尚・丹野義彦　有斐閣アルマ　2000年
『錯視図鑑』著／杉原厚吉　誠文堂新光社　2012年
『視覚のトリック』著／R.N.シェパード、訳／鈴木光太郎・芳賀康朗　新曜社　1993年
『脳は絵をどのように理解するか　絵画の認知科学』著／ロバート・L・ソルソ、訳／鈴木光太郎・小林哲生　新曜社　1997年
『色彩論』著／ゲーテ、訳／高橋義人ほか　工作舎　1999年
『ヨハネス・イッテン　色彩論』著／ヨハネス・イッテン、訳／大智浩　美術出版社　1971年
『ポケット版ポプラディア6　検定クイズ100　人のからだ』監修／坂井建雄、編著／検定クイズ研究会　ポプラ社　2010年
『視覚新論』著／G.バークリ、訳／下條信輔・植村恒一郎・一ノ瀬正樹　勁草書房　1990年
Illusioni Ottico-Gemetriche Una rassegna di problemi / G. B. Vicario, Instituto Veneto de Scienze, Lettere ed Arti, Venezua 2011年
アリストテレス全集　監修／出隆　岩波書店　1973年
デカルト著作集　白水社　2001年
Perceiving in Depth, vol. I Basic Mechanism / I. P. Howard, Oxford Univ. Press 2012年
『光学』著／ニュートン、訳／島尾永康　岩波文庫　1983年
『総合百科事典ポプラディア』監修／秋山仁・かこさとし・永原慶二・西本鶏介　ポプラ社　2002年
『Encyclopedia Britannica』Encyclopædia Britannica, Inc. 2010年
『Newton別冊　目の錯覚はなぜおきるのか？　錯視と錯覚の科学』監修／北岡明佳　ニュートンプレス　2013年
『福田繁雄のトリックアート・トリップ』著／福田繁雄　毎日新聞社　2000年
『まなざしのレッスン　①西洋伝統絵画』著／三浦篤　東京大学出版会　2001年
『脳は絵をどのように理解するか　絵画の認知科学』著／ロバート・L・ソルソ、訳／鈴木光太郎・小林哲生　新曜社　1997年
『色彩学貴重書図説―ニュートン・ゲーテ・シュヴルール・マンセルを中心に』著／北昌耀（社）日本塗料工業会　2006年
森川和則（2012）「顔と身体に関連する形状と大きさの錯視研究の新展開」『心理学評論』、55, (3), 348-361
Atsushi Osa, Kazumi Nagata, Yousuke Honda, Makoto Ichikawa, Ken Matsuda, Hidetoshi Miike (2011). Angle illusion in a straight road. Perception, 40, (11), 1350-1356
『無限を求めて―エッシャー、自作を語る』著／M.C.エッシャー、訳／坂根厳夫　朝日新聞社　1994年
『ふしぎなえ（日本傑作絵本シリーズ）』え／安野光雅　福音書店　1971年
『幕末の修羅絵師　国芳』著／橋本治・惠俊彦・林美一　新潮社　1995年
H. Arai and S. Arai (2010) Framelet analysis of some geometrical illusions. Japan J. Indust. Appl. Math, 27, 23-46
H. Arai (2005) A nonlinear model of visual information processing based on discrete maximal wavelets. Interdiscip. Information Sci, 11, 177-190
新井仁之・新井しのぶ（2012）「視覚の数理モデルと錯視図形の構造解析」『心理学評論』、55, 309-333
『脳と視覚―何をどう見るか』著／福田淳・佐藤宏道　共立出版　2002年
『イラストレクチャー認知神経科学―心理学と脳科学が解くこころの仕組み―』編／村上郁也　オーム社　2010年
R. von der Heydt, E. Peterhans, and G. Baumgartner (1984) Illusory contours and cortical neuroscience. Science, 224, 1260-1262
E. Peterhans and R. von der Heydt (1991) Subjective contours - bridging the gap between psychophysics and physiology. Trend. Neurosci, 14, 112-119
『錯視の科学館』http://www4.ocn.ne.jp/~arai/Exhibition/illusiongallary4.html
『イリュージョンフォーラム』http://www.brl.ntt.co.jp/IllusionForum/
『キヤノンサイエンスラボ・キッズ』http://web.canon.jp/technology/kids/
Border locking and the Café Wall illusion/Richard L Gregory, Priscilla Heard http://www.richardgregory.org/papers/cafe_wall/cafe-wall.pdf
DIC カラーデザイン株式会社ホームページ http://www.dic-color.com/knowledge/080926.html
北岡明佳の錯視のページ http://www.ritsumei.ac.jp/~akitaoka/
NEXCO西日本ホームページ「長い下り坂抑制対策」 http://www.w-nexco.co.jp/safety_drive/safety_longslope/index3.html
積水樹脂株式会社ホームページ http://www.sekisuijushi.co.jp/news/solidsheet/index.html
『Best Illusion of the Year Contest』http://illusionoftheyear.com/
『第2回錯視コンテスト 2010』http://www.psy.ritsumei.ac.jp/~akitaoka/sakkon/sakkon2010.html
M.C.ESCHER THE OFFICIAL WEBSITE http://www.mcescher.com/
Victor Vasarely Official Artist Website http://www.vasarely.com/
FELICE VARINI http://www.varini.org/

なぜこう見える？どうしてそう見える？
〈錯視〉だまされる脳

2016年8月20日　初版第1刷発行　〈検印省略〉

定価はカバーに表示しています

監修・著者　新井仁之
編　者　こどもくらぶ
発行者　杉田啓三
印刷者　金子眞吾

発行所　株式会社 ミネルヴァ書房
607-8494 京都市山科区日ノ岡堤谷町1
電話 075-581-5191／振替 01020-0-8076

©こどもくらぶ／新井仁之, 2016　印刷・製本 凸版印刷株式会社

ISBN978-4-623-07761-8
NDC141/88P/25.7cm
Printed in Japan